新时代老年人数字生活指南

主编 韩 啸 杨 柳 王雪非

哈尔滨工程大学出版社
Harbin Engineering University Press

内 容 简 介

本书系统地讲解了智能手机的基本功能与软件操作方法。选取了数十个与日常生活密切相关的应用软件的安装及使用方法，涵盖了沟通交流、购物支付、休闲娱乐、新闻热点、便利生活、手机安全等六大类别。本书在注重教材新颖性的同时，更好地体现教材的实用性，写作过程秉持"寓教于乐、融学于趣"的原则，以通俗简洁的语言、图文并茂的方式，帮助老年读者充分挖掘智能手机的功能及使用技巧，使其老有所乐、老有所为，与数字社会接轨。同时，本书的每一节均配有教学视频，感兴趣的读者可以扫码观看。

本书旨在为老年人学习使用智能手机提供参考，同时也可作为老年大学相关课程的配套教材。

图书在版编目(CIP)数据

新时代老年人数字生活指南/韩啸，杨柳，王雪非主编.—哈尔滨：哈尔滨工程大学出版社，2023.6
ISBN 978-7-5661-4019-7

Ⅰ.①新… Ⅱ.①韩… ②杨… ③王… Ⅲ.①移动电话机-指南 Ⅳ.①TN929.53-62

中国国家版本馆 CIP 数据核字(2023)第 109767 号

新时代老年人数字生活指南
XINSHIDAI LAONIANREN SHUZI SHENGHUO ZHINAN

◎选题策划　石　岭　◎责任编辑　丁　伟　◎封面设计　李海波

出版发行	哈尔滨工程大学出版社
社　　址	哈尔滨市南岗区南通大街 145 号
邮政编码	150001
发行电话	0451-82519328
传　　真	0451-82519699
经　　销	新华书店
印　　刷	哈尔滨午阳印刷有限公司
开　　本	787 mm×1 092 mm　1/16
印　　张	12.5
字　　数	201 千字
版　　次	2023 年 6 月第 1 版
印　　次	2023 年 6 月第 1 次印刷
定　　价	59.00 元

http://www.hrbeupress.com
E-mail:heupress@hrbeu.edu.cn

前　　言

　　随着人们生活水平的不断提高及数字技术的不断发展,智能手机与各类手机软件层出不穷,不仅丰富了人们的精神文化生活,也给生活带来了许多便利。

　　智能手机上搭载的文字、语音、视频通信软件,缩短了人与人之间的距离,打破了信息孤岛;网上购物与在线支付软件,实现了人们足不出户便可货比三家、轻松购物;在线缴费软件,节省了人们前往银行或缴费机构排队的时间;新闻资讯与短视频播放软件,开辟了人们获取信息与了解世界的新途径……凡此种种,智能手机正在逐渐改变着人们社交、出行、娱乐、购物、学习的方式。但是在智能化时代,越来越多的工作依赖于网络化、信息化,这难免给不擅长使用智能设备的老年人造成一些生活障碍。因此,帮助新时代的老年人跨越数字鸿沟、乐享智慧生活,是我们积极应对老龄化的重要措施。

　　为认真贯彻落实《中共中央国务院关于加强新时代老龄工作的意见》,以及《国务院办公厅印发关于切实解决老年人运用智能技术困难实施方案的通知》,哈尔滨老年人大学结合多年的办学经验和老年人实际情况,编写了这本《新时代老年人数字生活指南》。本书旨在为老年人打造一本智能手机使用手册,切实解决老年人在运用智能技术方面遇到的突出困难。书中对老年人使用智能手机过程中的各种问题进行详细解答,内容涵盖日常生活中衣食住行的各个方面,为老年人提供更周全、更贴心的智慧助老服务。

　　本书共 8 章:第一章主要介绍智能手机的分类及基本操作;第二至六章介绍了日常生活中常用的应用软件,涵盖社交软件、娱乐影音、手机摄影、新闻资讯等;第七章重点关注手机使用中的安全问题;

第八章扩充数个实用、热门的手机应用。

本书内容丰富,语言简洁易懂,章节归类清晰,便于查阅。本书以图文并茂的方式对每一个操作步骤进行讲解,读者可扫码观看教学短视频。详尽的图片演示和直观的操作指南,使读者一目了然,轻松掌握,学习过程更加有趣、高效。

本书由韩啸、杨柳、王雪非共同编写。其中,韩啸、杨柳共同完成文字部分的编写,韩啸负责文章配图及视频录制,王雪非负责整理书稿及校稿。哈尔滨老年人大学的领导对本书进行了通篇审读,并提出了宝贵意见,在此一并表示感谢。

在编写本书的过程中,笔者始终秉持科学、严谨的态度,力求内容准确、全面、易懂,但限于水平,疏漏之处在所难免。对于书中存在的诸多不足,期望得到专家、同行及各位读者的批评指正。另外,鉴于智能手机的应用系统与品牌不同,新的手机应用软件层出不穷,软件的操作可能会存在些许差异。因此,请各位读者在阅读本书的基础上,进一步探索智能手机的使用技巧。

最后,感谢您阅读和使用本书,期待本书能对您有所帮助。同时,也向为本书编写和出版提供帮助的诸多同仁及领导表示衷心感谢。另外,本书中所引用应用软件的截图画面,仅为教学说明使用,特此说明。

编　者

2023 年 3 月

目 录

第一章 初识手机与基本操作

第一讲 手机的分类与功能

？ 我们应该如何按照自己的需求选购一部合适的手机呢？

这一讲，我们将通过介绍手机的分类、智能手机的操作系统以及市面上常见的手机品牌，帮助大家按照自己的喜好和需要来选购一部适合自己的手机。

一、手机的分类

按功能不同，市面上常见的手机可以分为以下两种类型。

1. 非智能手机

非智能手机又称功能机或老年机，如图 1-1 所示。非智能手机功能较为单一，通常仅具备拨打电话、发送短信、设置时间等基础功能，以满足基本通信及日常需要。部分非智能手机具有拍照、听音乐、收音机、上网、小游戏等附加功能。这类手机大多使用生产厂商自行

图 1-1 非智能手机外观展示

开发的封闭式操作系统，所实现的功能非常有限，运行速度较慢，且不具备可扩展性。但是，非智能手机往往具有超长的待机时间、超大

音量的铃声,同时兼有防水、耐摔、简单易用等特点,因此受到一部分老年用户的青睐。

2. 智能手机

智能手机就像一台掌上电脑,拥有独立的核心处理器(CPU)、运行空间和操作系统。智能手机往往功能强大,可扩展性较强。除基本通信功能之外,用户通过接入移动网络或者 Wi-Fi,可以在手机上根据用户的喜好自行下载、安装、卸载应用软件,扩充或减少手机的功能,满足用户个性化的应用需要。目前,智能手机通常为大屏幕的全触屏式操作,使其能够像电脑屏幕一样展示内容,操作方式也更加直观方便,如图 1-2 所示。

图 1-2　智能手机外观展示

智能手机正在逐渐改变我们的生活方式,成为我们与这个时代接轨的工具。其在娱乐、购物、社交、了解新闻资讯等诸多方面,都能带给我们巨大的便利,成为我们购买手机时的主流选择。

鉴于智能手机已基本普及,本书主要面向老年人,针对其在智能手机使用过程中可能遇到的基本操作问题进行全面、细致的讲解及演示。

二、智能手机的操作系统

智能手机的操作系统,使我们能够方便地安装和删除程序,极大地丰富了手机的功能。但是不同的智能手机系统之间,即使是同一款应用软件,对应的安装程序也不尽相同。

图 1-3 展示了目前市场上几种主流的智能手机操作系统,下面我们来分别介绍一下它们的发展及特点。

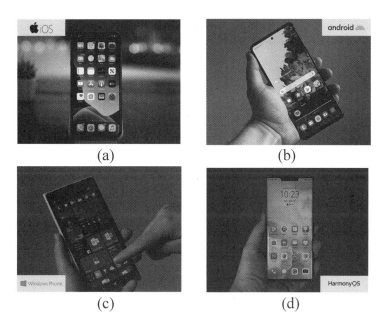

(a)　　　　　　　　(b)

(c)　　　　　　　　(d)

图 1-3　智能手机操作系统示例

1. 塞班系统(Symbian OS)

塞班系统是塞班公司开发的智能手机操作系统。2008 年,塞班公司被诺基亚公司收购,塞班系统从此成为诺基亚手机的独有系统。塞班系统支持 GPRS、3G、蓝牙等技术,可以下载及安装应用软件。随着诺基亚手机的风靡,塞班系统一度成为智能手机操作系统的"一哥",为智能手机的发展做了很好的铺垫。但是,随着时间的推移,其他智能手机操作系统逐渐兴起。由于缺乏新技术的支持,塞班系统逐渐被淘汰。2013 年 1 月 24 日,诺基亚公司宣布,NOKIA 808 手机将是最后一款使用塞班系统的手机。

2. 苹果系统(iOS)

苹果系统是由苹果公司开发的手持设备的操作系统,主要应用于苹果品牌的手机、平板电脑、iPod touch 等设备。苹果系统操作系统具有优雅、直观的交互界面,安全、可靠性强。截至目前,苹果系统拥有最多数量的应用软件,并且数量还在逐步增加。

但是 iOS 并非开源的操作系统,目前只能应用于苹果公司的移动设备上。

3. 安卓系统(Android OS)

Android 英文原意为"机器人",安卓系统是首个真正开放、完整的智能手机系统。它为开发商提供了免费、宽泛、自由的开发环境,由此诞生了诸多新颖别致、实用性好的手机应用。目前安卓系统是市场占有率最高的移动操作系统。支持的生产厂商包括三星、索尼、小米、中兴、VIVO 等。

在安卓系统下,用户可以进行许多个性化设置。比如,更换不同主题,下载新的字体,按自己的喜好布局,随意排列桌面图标等,具有较强的娱乐性。

但是由于其具有开放性,用户需要格外重视自身信息和隐私的安全保护问题。

4. Windows 系统(Windows Phone OS)

Windows Phone 系统是微软公司推出的最后一个手机操作系统。2019 年 12 月 10 日,官方宣布停止对其进行更新。Windows Phone 系统上的应用大多是按照桌面版 Windows 的开发环境来设计的,很好地兼容了 Office 应用,优化了移动办公的性能。同时,Windows Phone 针对手机安全性等方面进行了专门设计,使之在这一方面要优于安卓系统。

但是,Windows Phone 系统的应用软件非常少,同时无法兼容很多国内用户常用的应用软件。微软在 Windows Phone 系统战略部署上的多重失误,最终使其退出智能手机操作系统的赛道。

5. 鸿蒙系统(Harmony OS)

鸿蒙的英文名是 Harmony,意为"和谐"。它不是安卓系统的分支或由其修改而来的,而是与安卓、苹果系统不一样的操作系统。

鸿蒙系统发布于 2019 年,是由华为公司自主研发的分布式操作系统。鸿蒙系统不仅可以应用于智能手机,也可以应用于家电、可穿戴设备、智能家居、个人计算机等设备。按照华为公司对产品的说明,这个系统几乎可以覆盖所有的智能设备。更重要的是,鸿蒙系统是一个真正意义上的国产操作系统。

鸿蒙系统延续了安卓系统的界面风格,习惯于安卓系统的用户在使用鸿蒙系统时,可以迅速掌握其操作。目前,鸿蒙系统陆续被应用于华为公司生产的诸多智能设备中。

三、智能手机品牌及其特点

市面上的手机品牌五花八门,产品多种多样,我们在购买智能手机时,需要先了解市面上常见的手机品牌及其特点。这里,推荐大家购买知名度高的大厂商品牌,以保证产品的质量、保障售后服务。

1. 品牌

品牌一般意味着值得信赖的品质保证,在吸引消费者购买手机方面,品牌力往往会展示出其独特的魅力。

国外手机品牌:三星、苹果、诺基亚、索尼。

国产手机品牌:华为、荣耀、小米、OPPO、VIVO、联想、魅族。

2. 价格

除去手机品牌及性能,价格也是我们选购手机时的一个重要考量因素。与国外品牌手机相比,国产品牌手机往往具有巨大的价格优势。但近年来随着手机配置的不断提升,国产品牌手机的高端旗舰款,价格也呈现上涨之势。

不同的手机品牌之间,以及同一品牌手机的不同型号之间,价格往往相差很大。国外品牌手机大多不低于 3 000 元人民币,而国产品牌手机的价格亲民,并且更加注重下沉市场。小米、VIVO、OPPO 等诸多国产品牌,甚至有低于 1 000 元的经济机型供消费者选购。

3. 操作系统

多数品牌手机(如三星、索尼以及多数国产品牌手机)用的都是安卓系统,苹果手机用的是其自主研发的 iOS 系统,诺基亚手机用的是 Windows 系统,华为的高端手机往往搭载其自主研发的鸿蒙系统。我们在选购时要考虑哪种系统更适合自己。

4. 手机制式

在选购手机时,也要留意手机的网络制式,即支持哪家通信运营商的服务,是全网通,还是某家运营商的定制版;是否支持 4G 或是 5G 网络等。

全网通的手机可以任意使用三大运营商的手机卡。但有一些定制版手机,仅支持电信、移动、联通中的一家,这时需要我们安装对应的手机卡,才可正常使用手机进行通信。标明"双卡双待"的手机,可以安装两张不同运营商的手机卡。

另外,在选购手机时,也要注意手机卡的型号,如 SIM 卡(标准卡)、Micro SIM 卡(小型卡)及 Nano SIM 卡(微型卡)。

搭载安卓系统的诸多手机品牌,在国内手机销售市场份额中一直保持主导地位。其价位区间较大,既有高端定制的高配款,又有经济适用的性价比款。因此,为使讲解具有普适性,本书以 VIVO IQOO 7 上预装的安卓系统为例,介绍智能手机的基本操作,以及一些常见应用软件的使用方法。

第二讲 手机外观与基础按键及主要部件

? 智能手机上那些按键有什么用? 那些孔位又是做什么用的呢?

这一讲,我们将为大家讲解手机上的按键、接口等及其功能、使用。

一、安卓手机外观与基础按键

在不同品牌及不同型号之间,智能手机的机身设计各有不同,但是在基础按键及主要部件的布局分配方面,通常十分相似。

1. 机身正面基础按键、主要部件及布局说明

不同手机品牌的电源键位置不同,主要在右侧面或正上方。其

他按键的操作基本相同,如图 1-4 所示。

【电源键】开机时,需要长按电源键至屏幕点亮。关机时,需要长按电源键,直至屏幕上出现关机选项,按住有电源标志的滑块,滑动至右侧即可。

【音量按键】在手机左侧面位置,"+"表示增大音量,"-"表示降低音量。

图 1-4 手机正面及侧面按键图

【主屏幕键】即 Home 键,位于屏幕下方中间位置,启动应用软件时点击主屏幕键可快速返回主界面。

【菜单键】点击菜单键可以唤醒辅助菜单。

【返回键】在主屏幕键的右侧,操作手机时点击返回键,可回到上一级的操作界面,或是返回主屏幕。

目前,许多安卓手机已经取消了主屏幕键的设计,在屏幕上不再有主屏幕键、菜单键及返回键。当我们打开应用软件时,从屏幕底部向上轻扫,即可返回主屏幕。

【前置摄像头】位于手机正上方,用于自拍。其像素决定了照片的清晰程度。

【听筒】位于手机屏幕上方,在接打电话时可以通过听筒听到对方的声音。在听微信语音时,可以在听筒模式与外放模式之间自由切换。

2.机身背面主要部件及布局说明

【后置摄像头】手机往往具备一个或数个后置摄像头,通常为广角、高清、景深、微距摄像头,如图 1-5 所示。近年来,手机后置摄像头的配置在不断提升,甚至堪比专业的拍照设备。三星的 GALAXY S22 Ultra 手机,配备了四个摄像头,其中的广角摄像头分辨率高达 1.08 亿像素。同时,部分手机摄像头具有超高倍数的光学变焦功能,如 VIVO 的 X60 系列,实现了 60 倍的超级变焦,即使拍摄月亮也不在话下。现在,只要掌握简单的拍照技术,我们用手机也可以拍出大片的质感。关于手机拍照的小技巧,我们将在后面的手机摄影章节进行详细讲解。

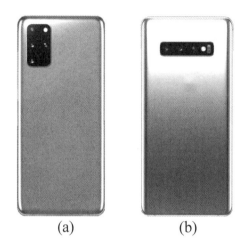

(a)   (b)

图1-5 手机后置摄像头

【闪光灯】通常位于摄像头下方,是一个高亮的 LED 灯,瞬间亮度很高。闪光灯既可以作为光线较暗环境下拍照时的辅助光源;又可以作为手电筒,提供照明服务。

3. 机身下方主要部件及布局说明

【充电口】通常位于手机下方底部。将厂家提供的电源线的一端插入手机下方充电口,另一端连接充电插头,再将充电插头插到电源即可充电。同时,电源线还可作为数据线与电脑连接,从而将照片、视频等文件保存到电脑中。

【耳机插孔】很多新型号手机,不再提供 3.5 mm 的耳机插孔,转而采用充电口与耳机插孔二合一的方式。我们需要准备与插孔相适配的耳机,比如许多安卓手机的 Type C 接口耳机,苹果手机的 Lightning 耳机。

【话筒】话筒可以将我们的声音转化为电信号。接打电话、微信语音、视频通话时,都需要话筒将我们的声音收集起来。用手机进行录音时,为了保证更清晰的效果,我们要尽量靠近话筒。

图 1-6 所示为手机下方视图。

图 1-6　手机下方视图

4. 机身侧面主要部件及布局说明

【卡槽】卡槽通常位于机身侧面,在不同的手机上,卡槽的位置各有不同。在机身上找到如图 1-7 所示的部分,利用卡针即可开启。

图 1-7　手机侧方视图

将卡针插入卡槽一侧的小孔,微微向下用力,即可弹出卡槽。在卡槽中置入手机卡后推回,即可实现手机通信。

建议使用买手机时所配的卡针来开启卡槽,避免使用过于尖锐的物品,以免损坏手机。

二、苹果手机外观与主要按键

2017 年 9 月,苹果官方发布 iPhone X 机型,取消了延用 10 年之久的主屏幕键设计,用面部识别(Face ID)取代了指纹识别,将智能手机带入全屏时代,如图 1-8 所示。

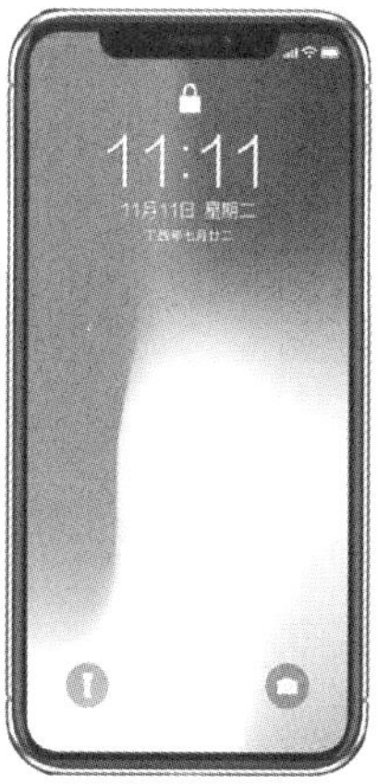

图 1-8　苹果手机正面视图

【音量键】调节铃声、媒体、通话音量大小。

【电源键】开关机操作与安卓手机基本一致。在待机状态下,短按电源键,可以唤醒屏幕。同时按下"音量+"键与电源键可以实现截屏操作。

第三讲　使用手机的各种指法

❓ 好朋友发来一张衣服的照片,我想看看衣服的细节,可是图片太小,怎样才能看得更清楚呢?

这里我们用"双指捏合"的手势对照片进行放大,就可以清楚地看到衣服的局部细节啦。这一讲,我们就来为大家讲解操作手机过程中的手势。

一、基本操作

触摸屏的诞生与普及,为我们使用智能手机带来了更好的交互体验。我们可以像使用电脑鼠标一样,用手指在屏幕上点击来操控手机。对手机屏幕进行操作的方式,就叫作手势。我们需要通过不同的手势来进行打开应用、选择项目、返回主屏幕等操作。

触控屏使我们使用手机更加方便,但是对于手机的操作,却不像按键手机那样直观。有一些隐藏的小技巧,需要我们进行简单学习。无论哪种品牌的手机,操作均以点击、滑动为主,本书总结了一些使用手机时的基本手势,方便大家学习和实践。

【轻触(点击)】单指轻触屏幕一下。可以用来打开应用软件、选择,类似于鼠标左键的功能。

【双击】单指连续快速点击屏幕两下。双击图片,可以使图片快速放大;再次双击,则恢复原尺寸。

【滑动】单指在屏幕上向某一方向做"滑"的动作。

查看长信息：在屏幕上，单指向上或向下滑动，可以查看界面上较长的信息，比如查看微信的聊天记录或阅读新闻等。

返回主屏幕：单指从屏幕底部边缘上滑，可以从应用软件的任何一级界面返回主屏幕。

返回上一级：在使用应用软件时，从屏幕左侧边缘或右侧边缘向屏幕内侧滑动，可以返回上一级界面。

【双指捏合】用两根手指（通常为拇指或食指）在屏幕上做捏合、撑开的动作，如图 1-9 所示。当查看相片或是使用地图时，用双指撑开、捏合的方式将图片或是地图放大或缩小，可以清晰地看到局部的细节信息。

【长按】单指按住 2 秒。

唤醒菜单：可以唤醒该应用软件下的快捷方式菜单，从而卸载应用软件或者选择快捷操作。例如，微信的快捷操作中提供了扫码、打开付款码，以及显示"我的二维码"等功能，从而不必打开应用软件，就可以完成该操作，如图 1-10 所示。

图 1-9　双指捏合

图 1-10　长按唤醒手机的快捷菜单

选择文字:长按文本时,可以对文字进行选择,从而对文字进行全选、部分选择及复制等操作。

批量处理:在相册中,也可以长按某一张照片,进而对相册中的照片进行批量处理。

【拖拽】也叫按住并拖动。按住图标在桌面上拖动,可以改变图标在屏幕上的位置。播放音乐时,也可按住进度处,拖动至中间的某一位置。有一些购物应用软件,在进行人机验证时,需要按住图片的碎片并拖动至正确的位置。

二、差异化操作

在不同品牌的手机上,操作有时会有差异,实现同样的功能手势也许不同。比如有的手机通过按键组合来截屏,有的通过手掌滑过屏幕来截屏。华为手机可以用指关节敲击屏幕截屏,甚至某些型号华为手机还提供了智慧感知功能,用手势可以隔空截屏。对上述基本手势的熟练使用,可以方便我们快速理解并掌握新的操作手势。

另外,有些品牌的手机设计了一些个性化的操作手势,使我们可以更方便、快捷地使用手机,这需要我们在使用中慢慢尝试和摸索。

第四讲　如何连接移动网络与 Wi-Fi

（？）我的手机已经装入了手机卡,但是在微信界面却显示"网络连接不可用",这是什么原因呢?

如果手机显示"网络连接不可用",说明它还没有接入网络。只有连接网络的手机,才可以使用网络服务。这一讲,我们来讲解如何将手机接入互联网。

一、启动数据网络

在装载了手机卡的智能手机上,需要打开数据网络的开关,才可以使用运营商提供的 4G 或 5G 网络。

【具体方法】进入手机"设置"界面,选择"双卡与移动网络",打开"数据网络"开关,如图 1-11 所示。

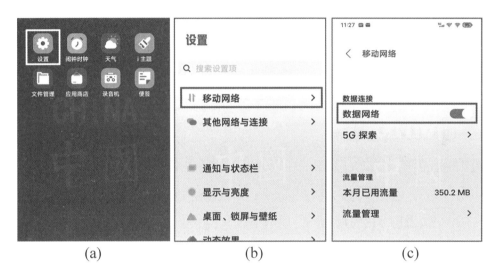

(a)   (b)   (c)

图 1-11 打开数据开关

在使用数据流量上网时,一定要保证自己的移动业务中已经开通了数据流量的套餐,否则可能会消耗大量流量而产生较高的费用。目前,针对用户不断增长的上网需求,运营商都提供了大流量套餐甚至不限流量套餐,我们可以按需选择。

二、接入 Wi-Fi

如果我们并没有足够的数据网络套餐流量,就需要使用 Wi-Fi来连接网络。我们可以通过办理宽带业务,并在家中安装无线路由器来实现 Wi-Fi 联网。

1. 无线路由器

当家中有多个设备需要联网时,就需要在光纤和设备之间,架设起一个路由器。按照设备与路由器的连接方式,路由器可以分为无线路由和有线路由两种。传统的路由器都是有线连接。

当我们给有线路由器插上几根天线(无线 AP)后,它就具有了无线路由器的功能。

事实上,无线上网的路由器也具备一个至数个局域网(LAN)口,可以连接家中的台式电脑或是其他有上网需求的设备。本书建议选择带无线功能的路由器,现在的笔记本电脑、平板电脑、智能手机都带无线网络功能,如果只用有线的路由器,这些设备上网就成问题了。

将无线路由器通过光纤等线材接入运商营网络,只要在这个无线路由器信号覆盖的范围内,就可以通过 Wi-Fi 来联网。

2. 如何选购路由器

【传输速度】无线路由器的重要参数是传输速度,以兆比特每秒(Mbit/s)为单位进行度量,兆数越大,速度越快。主流的家装宽带规格有 100 M、200 M、500 M、1 000 M 等,我们需要购买大于家装宽带速度的路由器,才可以充分体验到上网速度。目前,各大品牌路由器均有千兆级无线路由器可供选择。

【信号强度】在室内,影响手机上网速率的另一个重要参数是 Wi-Fi 信号的强弱和覆盖面积。如果我们的房屋较大,或是墙体结构复杂,可选择多天线、带有信号增强或是有桥接功能的路由器,来实现全房间的 Wi-Fi 无死角覆盖。

【品牌】建议尽量选择知名品牌的路由器,在产品质量及售后服务等方面,都会得到可靠的保证。

位列 2023 年路由器热销榜前十名的品牌有:华硕(ASUS)、领势(LINKSYS)、普联(TP-LINK)、华为(HUAWEI)、网件(NETGEAR)、小米(MI)、中兴(ZTE)、新华三(H3C)、腾达(Tenda)、360。

3. 连接 Wi-Fi 网络

【打开 Wi-Fi 开关】单击手机上的"设置",再单击"无线局域网",即可跳转至 Wi-Fi 设置界面。不同品牌的手机,界面会稍有不同,但设置方式基本一致。打开"无线局域网"开关后,手机会自动搜索附近的无线网络,如图 1-12 所示。

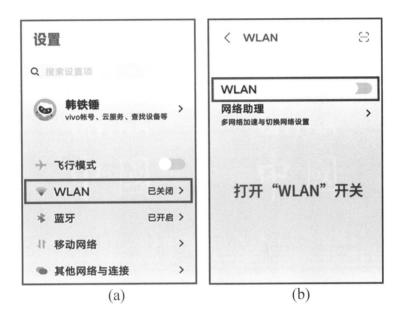

(a)　　　　　　　　　　(b)

图 1-12　打开"无线局域网"开关

【输入 Wi-Fi 密码】在搜索到的路由列表中,找到需要连接的路由器名称,单击该名称。在输入框中输入正确的 Wi-Fi 密码后,单击"完成"或"加入",即可接入该无线网络,如图 1-13 所示。

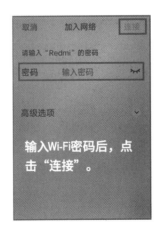

图 1-13　输入密码接入无线网络

需要注意的是,Wi-Fi 密码中的英文字母,需要对大小写进行区分,否则会被提示"密码不正确"。

现在,大多数公共场所都会为客户提供免费的 Wi-Fi。我们在用餐或是逛商场时,可以向服务人员询问此处的 Wi-Fi 用户名和密码。

三、快捷打开 Wi-Fi 或是数据开关

在手机主屏幕界面,用手指从屏幕上方向下滑动,即可唤醒快捷方式菜单,如图 1-14 所示。在菜单上,我们可以单击"数据网络"或 WLAN 图标,将其开启或关闭。

图 1-14 通过快捷菜单设置网络

手机通过 Wi-Fi 接入互联网时,通常需要我们手动关闭数据流量开关,否则在 Wi-Fi 信号较弱时,手机可能会自动切换为数据网络,消耗手机流量。

四、打开手机热点

通过手机热点功能,我们可以为他人的手机或是自己其他设备(如平板电脑等)提供无线网络。其他设备可以像连接无线网络一样,连接到我们的手机热点,从而实现上网功能。

这时,接入手机热点的设备在上网过程中,将消耗我们手机(提供热点的设备)的流量。

第五讲　如何下载与管理应用软件

? 我想要在手机上听歌、看视频、刷抖音，在哪里可以找到这些应用软件呢？

我们需要在手机的应用商店中搜索需要的应用软件，也就是我们常说的应用软件，下载并安装到手机上，就可以使用了。这一讲，我们以下载抖音为例，来讲解如何在手机上搜索、下载、卸载应用软件。

一、打开应用商店

新的手机，通常会有固定的系统自带的应用软件，如短信、日历、图库、音乐播放器、手机管家等。其他应用软件，需要我们从应用商店中下载。

首先，我们要确保自己的手机处在网络中（联网方法见本章第四讲），尽量在连接 Wi-Fi 时下载应用软件，如果用手机的数据网络下载，可能会消耗较多的流量。当然，如果套餐流量足够，就可以随意下载了。然后，我们点击手机自带的"应用商店"图标，如图 1-15 所示。

图 1-15　应用商店

当我们学会下载应用软件之后,也可在手机上下载并安装第三方开发的应用商店,如"豌豆荚""应用宝"等。第三方开发的应用商店中,包含的应用软件更多样、更全面,在安装时,系统会对其提供的应用软件安全性进行提示。

特别注意的是,我们要尽量在正规的应用商店中下载应用软件,避免安装不明来历的应用软件,以免带来手机的安全漏洞,造成信息泄露或财产损失。

二、输入文字搜索应用软件

在输入框中输入"抖音",点击"搜索",如图 1-16 所示。

三、点击"下载"或"安装"

在搜索结果的列表中,找到自己需要的应用软件,点击"安装",如图 1-17 所示。

图 1-16　搜索需要的应用软件

图 1-17　安装需要的应用软件

四、打开权限信息

部分应用软件在使用前,会询问用户是否可以获取手机的隐私信息,如通信录、照片、定位信息等;或是否允许使用手机的功能,如摄像头、话筒等。

允许应用软件获取手机隐私信息或功能使用权限,是有一定风险的,但是一些应用软件必须在获取相应的权限后,用户才可体验其完整功能。例如,跑步软件需要获取定位功能,在抖音中发布作品时需要获取麦克风及摄像头功能等。

对于安全的应用软件,我们可以将权限获取设置为"允许"状态;对于安全性存疑的应用软件,我们可以选择在使用前"总是询问"。

五、注册账号信息

大部分应用软件在使用时,都需要注册一个账号,相当于我们使用该应用软件时的"身份"。有了这个身份,应用软件就可以实现用户信息的私有化,保存用户在使用过程中的使用习惯,如观看记录、收藏记录等。

在注册账号时,可以选择手机号登录、微信一键登录等方式。尽量选择一个好记的用户名,以免遗忘。在设置密码时,避免使用生日、姓名等容易被破解的密码。

一些应用软件在使用时会主动获取用户资料,但是因其涉及个人隐私,正规应用软件会提示用户阅读并同意用户协议与隐私条例后,才可使用。

六、订阅与退订

有的应用软件,需要付费之后,才可以去除广告或是使用应用软件的全部功能,我们称之为"订阅"。有的应用软件是一次性付费,永久可用;有的应用软件则是按月、季度、年收取订阅费用的。我们在使用时,需要仔细阅读收费规则。在不需要使用该应用软件时,要将其退订,以免被自动扣费,造成损失。

七、卸载应用软件

手机上由官方预装的应用软件是不可卸载的。但对于非预装的应用程序,我们可以根据需要,将不常用的暂时卸载掉,以便释放手机的存储空间。

不同手机卸载应用软件的方式往往有所不同,但基本操作类似。以 VIVO 手机为例,当我们想卸载某应用软件时,长按该图标,在图标的侧方会出现操作的快捷菜单,点击"卸载应用"即可,如图 1-18 所示。

图 1-18　卸载应用软件

在某些手机系统中,我们长按手机图标,当所有手机图标开始晃动时,会在图标左上角出现一个"×"的符号。我们点击"×"号,即可卸载该应用软件。

第六讲　如何使用手机实用工具

❓ 傍晚的时候陪伴孙女写作业,总是错过省台播放的天气预报,我可以通过手机查看天气情况吗?

我们可以通过手机自带的天气应用软件,来查看当日实时与未来几天的天气情况。智能手机除了基本的通信功能外,也会预装一些辅助应用软件,如日历、时钟、天气软件等,使我们的生活更加便捷。这一讲,我们将介绍一些与生活密切相关的实用工具。

一、查看天气情况

我们可以点击进入手机自带的天气应用软件,或者是桌面上的天气小组件,来查看天气情况,如图 1-19 所示。

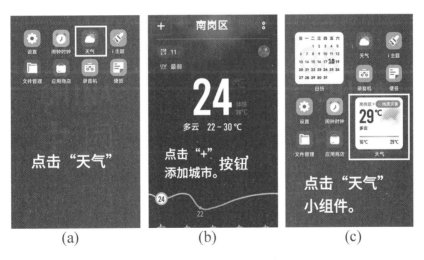

(a)　　　　(b)　　　　(c)

图 1-19　查看天气情况

【添加城市】在天气界面,点击左上角的"+"按钮,可以将想关注的其他城市添加到列表中。使用时,左右滑动,便可查看不同城市或地区的天气情况。

也可以在应用商店中,搜索您喜欢的天气应用软件,下载使用。

二、查看日历

如图 1-20 所示,我们可以点击日历应用软件及桌面的日历小组件打开日历界面,来查看当天的日期及农历信息。

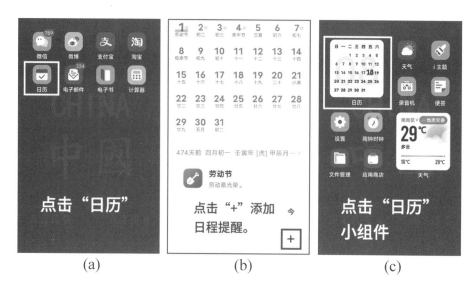

图 1-20　查看日历

【添加日程】在日历界面,点击右下角的"+"按钮,即可为全年中的某一日添加备忘的日程信息,如亲友的生日等。日历应用软件会自动在该日程前对我们进行提示。

三、设置闹钟

如图 1-21 所示,可以点击世界时钟应用软件或桌面的时钟小组件打开时钟界面。在时钟应用软件中可以设置闹钟、查看世界不同地区的时间等。

【设置闹钟】点击"闹钟",在闹钟界面,点击右上角的"+"按钮,即可设定闹钟。手机的闹钟应用软件支持设定多组闹钟,并且可以为不同的闹钟设定重复的方式,如单次或工作日重复等。

【秒表】点击"秒表",在秒表界面点击"开始"或"结束",可记录某项活动所需要的时间,如跑步计时等。

【计时器】点击"计时器",按需设置时长,可为某项活动进行倒计时。倒计时结束时,手机会通过铃声或震动对我们进行提示。

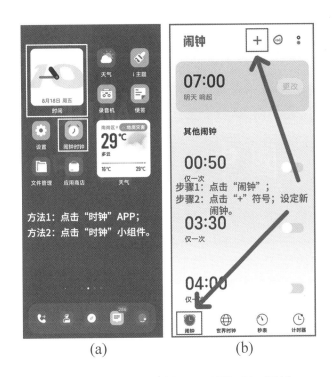

图 1-21　查看时间及设置手机闹钟

四、使用手机计算器

如图 1-22 所示,我们可以点击计算器应用软件来使用计算器。相比于普通的科学计算器或简易功能的计算器,智能手机计算器的功能更为强大,使用更加便捷。

【修改错误数据】智能手机上的计算器功能,可以记录我们输入过的每一个数据,如果发现中间某个数据出错,可用手指在屏幕上拖动光标至需要修改的位置,点击屏幕上的删除按钮,重新输入正确的数据。修改完成后,再次拖动光标至算式的末尾,即可继续输入。

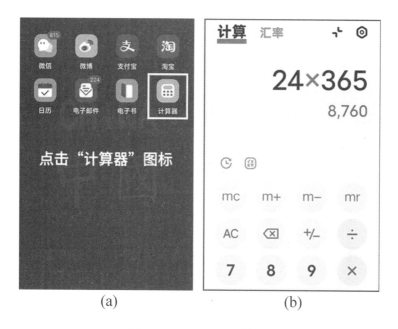

(a)   (b)

图 1-22　手机计算器

五、手电筒

如图 1-23 所示,在手机主界面,从手机屏幕上端单指下滑,即可拖出自定义快捷菜单。点击手电筒图标,即可唤醒和关闭手电筒。

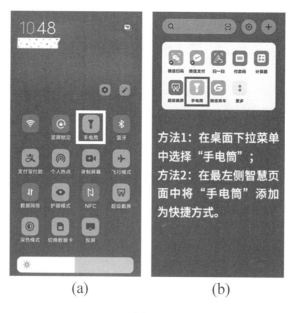

(a)   (b)

图 1-23　快捷打开手电筒

第二章 社交软件与社区交流

第一讲 如何注册与登录微信

? 身边越来越多的人在"玩微信",用微信与家人聊天,学习新的知识等,我们应该如何使用微信呢?

这一讲,我们将从下载微信、注册微信开始,逐步认识微信,直到熟练使用微信。

一、搜索并下载微信

下载微信的步骤,可以参照第一章第五讲"如何下载与管理应用软件"中的方法,如图 2-1 所示。

【搜索】保证我们的手机处于联网状态,打开手机的应用商店,在搜索框中输入"微信"。

【安装】在搜索结果中,找到微信应用软件,点击"安装"。当桌面上出现微信图标并被点亮时,微信就安装完成了。

图 2-1 搜索"微信"并安装

二、注册微信账号

使用微信聊天前,我们首先要拥有自己专属的微信账号。这个专属账号就像我们在社交媒体中的"身份代码",通常使用手机号作为"注册/登录"微信的账号。为了使微信账号具有唯一性,同一个手机号码只能注册一个微信账号。

微信下载完成后,单击手机桌面上的"微信"图标,第一次使用时,会出现"登录/注册"界面,如图 2-2 所示。

点击"注册",会跳转到注册信息填写的界面,如图 2-3 所示。注册步骤如下:

图 2-2　微信"注册/登录"界面

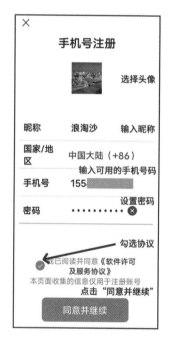

图 2-3　填写注册信息

【填写昵称】昵称就是我们的网名,我们既可以使用真实姓名,也可以为自己设定个性化的虚拟姓名。昵称可以是汉字、英文字母、符号或表情,也可以是上述几种方式的组合,如春暖花开、花好月圆 abc 等。昵称可以与他人的昵称相同。

【选择地区】默认的地区是"中国大陆（+86）"，这里我们无须改动。

【填写手机号】填入正确的手机号，同一个手机号只能注册一个微信。必须使用正确的、可以接收短信的手机号进行注册，以便接收验证码。

【输入密码】密码可以是大小写英文字母、数字及符号，或是它们的组合。为了信息安全，要尽量避免使用简单密码，以免微信被盗用，如 Chun123@ 。一定要牢记微信注册使用的手机号及密码，同时切勿将密码告知他人。

【同意并继续】完成上述信息填写后，勾选"同意协议"，点击下方"同意并继续"的按钮，即跳转至下一级验证界面。

【发送短信验证】在完成上述步骤后，将跳转到短信验证界面，如图 2-4 所示。点击"发送短信"，使用注册时填写的手机号，发送指定内容到指定号码，以完成验证。正确发送验证短信后，重新返回短信验证界面，点击"已发送短信，下一步"，等待验证完成，微信即注册成功。

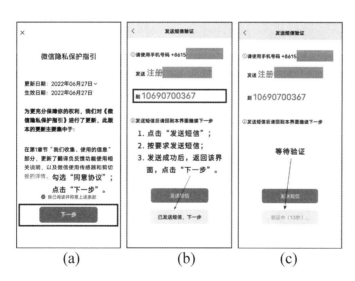

图 2-4　填写验证码

【完成实名认证】微信注册成功后，需要填写个人信息，完成实名认证,才可完整使用微信的各种功能,如微信支付等,如图 2-5 所示。这里的身份信息一经填写,便无法修改,因此应保证其正确性与真实性,同时要保证与个人身份证信息保持一致。填写完成后,点击"下一步"。在填写个人信息时,一定要确保个人信息安全。

【完成注册】上述步骤为注册微信的主要流程,当出现图 2-6 所示界面时,表示我们已经成功注册了微信。需要注意的是,在注册的过程中,系统会多次出现"服务条款"或询问我们是否启用微信服务等。我们需要勾选"已阅读""同意协议",或按需选择相应服务后,点击"下一步",方可继续进行注册。

图 2-5　完善个人信息

图 2-6　注册完成

三、登录微信账号

在使用微信时,需要先登录已经注册的微信账号,方可接收消息。我们通常使用手机号作为登录账号。在输入框中填入正确的手机号,点击"同意并继续",如图 2-7 所示。

接下来,有两种验证方式可供选择:一是密码登录,二是短信验证登录。可按照个人习惯选择不同方式。

【密码登录】在输入框中正确填写我们注册账号时设置的密码（有英文字母时注意区分大小写），点击"登录"，如图2-8所示，即可登录至聊天界面。

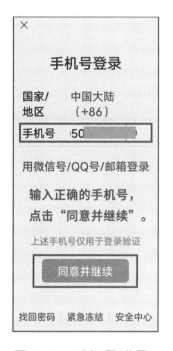

图2-7　手机号登录

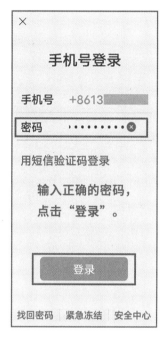

图2-8　通过密码登录微信

【短信验证码登录】点击图2-8中"用短信验证码登录"，即可切换至验证码登录界面，如图2-9所示。这一方式也适用于我们未设定微信密码或遗忘微信密码时。点击"获取验证码"，即可收到由微信官方发出的包含6位验证码的手机短信。输入正确的验证码，点击"登录"，即可登录至聊天界面。

登录后，手机微信会一直保持为登录状态，直至我们退出该账号为止。

四、忘记及找回密码

当微信疑似被盗，或忘记登录密码时，我们可以对微信密码进行重置。这里，可以先选用短信验证方式登录微信，然后重新设置密码。方法如下：在微信首页，依次点击"我"→"设置"→"账号与安全"→"微信密码"→"忘记原密码",如图 2-10 所示。系统会提示是否发送验证码到注册手机号,点击"发送",然后按照系统提示设置新的微信密码并重新登录微信即可。

图 2-9　通过短信验证码登录微信

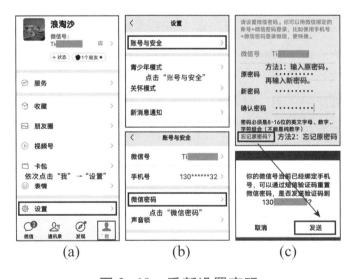

图 2-10　重新设置密码

五、退出微信

我们日常使用微信后,直接返回桌面即可,并不需要退出微信,这时微信会保持接收并提示消息的活跃状态。即使退出后台运行,也不会改变微信的登录状态。点击微信图标,可以随时查看或回复消息。

　　但是,若我们在他人的手机上临时登录微信,使用完毕后,一定要记得退出微信,以免造成信息泄露,带来不必要的损失。退出微信后,在该手机上将不再接收新的微信消息。退出方法如下:在微信首页,依次点击"我"→"设置"→"退出"→"退出微信",如图 2-11 所示。当微信重新退回至登录界面时,即成功退出微信。

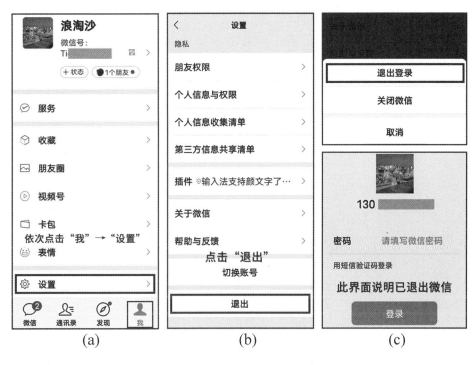

图 2-11　退出微信账户

　　按上述方式退出微信,并不会删除登录的历史记录,之前的聊天记录会保存在该手机上,当我们重新在该设备上通过账号、密码登录微信时,可再次查看原消息记录。

六、电脑登录微信

　　如果您可以熟练地使用电脑打字,或需要在电脑和手机之间互传消息时,也可以在电脑上安装、登录微信。

首先登录腾讯官网 http://www.qq.com,如图 2-12 所示。根据电脑系统下载并安装 PC 端微信,如图 2-13 所示。

图 2-12　腾讯官网

图 2-13　微信的 Windows 版及 macOS 版

安装完成后,在电脑端双击微信图标,会出现登录二维码,如图 2-14 所示。打开手机微信,点击界面右上方的⊕按钮,选择"扫一扫"（"扫一扫"的具体操作方式参照本章第二讲）。

扫描完成后，手机端会自动跳出确认界面，如图 2-15 所示，点击"登录"，即可实现手机端、电脑端同时登录微信。

图 2-14　扫码登录微信

图 2-15　手机确认界面

同样，当我们不再使用电脑端收发消息时，记得在电脑端退出微信。

第二讲　如何添加微信好友

我们刚刚注册了微信，那么如何将朋友添加为自己的微信好友呢？

我们拥有自己的微信账号后，接下来要做的便是添加亲朋好友的微信，使彼此成为微信好友，这样才可以在好友间开启微信聊天。这一讲，我们将学习添加微信好友的四种方法，以及如何为好友设置备注及标签等操作。

一、通过手机号添加好友

【添加朋友】在微信主界面,点击右上角的⊕按钮,然后点击"添加朋友",如图 2-16 所示。

图 2-16　通过手机添加好友

【输入手机号】在输入框中,输入好友微信绑定的手机号,如图 2-17 所示。

图 2-17　输入正确的手机号

【添加到通信录】确认搜索到的人是否为自己要添加的朋友。如果无误,点击"添加到通信录",如图 2-18 所示。

图 2-18　添加到通讯录

【填写相关信息】在"发送添加朋友申请"一栏中,填写自己的姓名或是昵称,以便对方在查看请求时知道是哪位朋友向自己发送了好友请求。

填写完毕后,点击"发送",如图 2-19 所示。

二、扫描二维码添加好友

每个微信用户都会有一个专属的微信二维码,我们可以通过扫描对方二维码的方式,将其添加为好友。

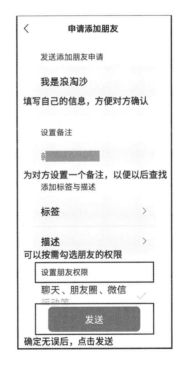

图 2-19　填写好友验证信息

【向对方出示二维码】依次点击"我"→"个人信息"→"二维码名片",如图 2-20 所示。

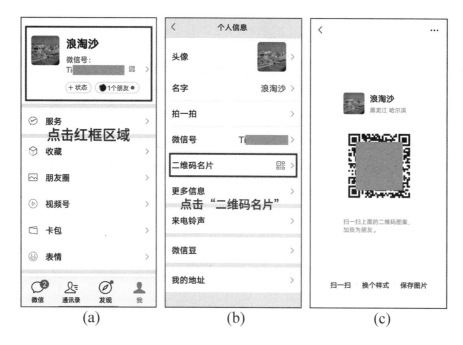

图 2-20　打开我的"二维码名片"

【扫描对方二维码】如图 2-16 所示,选择"扫一扫"功能。扫描对方出示的二维码名片,搜索到好友后,点击"添加到通信录",即可向对方发出好友申请。

第一次使用扫描功能时,手机会提示需要获取手机摄像头的使用权限,选择"允许"即可。

这里有一个小窍门,如果想要保证对方一定会添加我们为好友,我们应该先出示自己的微信二维码,请对方来扫描。这样最后确认添加的一步,就由我们本人来完成啦。

另外,我们也可以通过手机联系人、雷达加好友等方式来添加好友,此处不再赘述,各位老年朋友可以在使用手机的过程中探索并尝试这些不同的添加好友的方式。

三、接受朋友发来的好友申请

当他人通过上述方法向我们发出好友申请后,我们可以在微信主界面的"通信录"选项中,查看该好友申请。

【查看】如图 2-21 所示,依次点击"通信录"→"新的朋友",即可进入"新的朋友"界面。

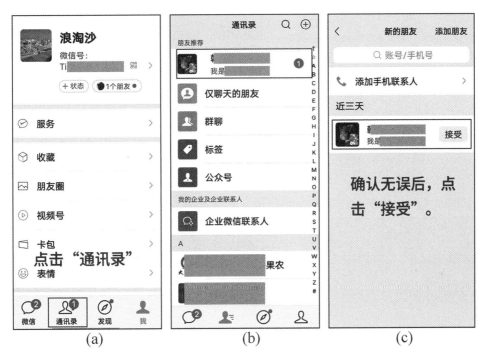

图 2-21　通过好友申请

【接受】点击好友姓名后的"接受"按钮,即可通过好友验证。

【完成】双方互加好友后,我们的微信上便会出现图 2-22 所示界面。此时,新的好友便添加成功了。点击好友聊天界面的"…"按钮,可以按需要设定该好友消息的提醒方式,也可以对该好友的聊天界面背景进行个性化定制,如图 2-23 所示。

图 2-22　好友添加成功

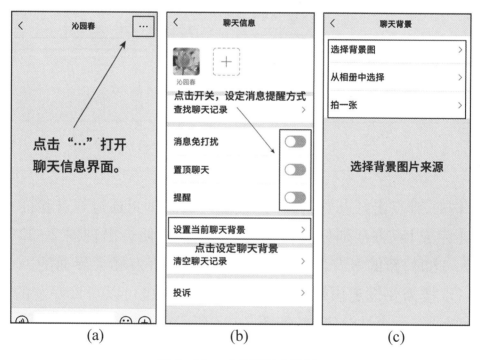

(a)　　　　　　　(b)　　　　　　　(c)

图 2-23　定制聊天背景

第三讲　如何与朋友聊天

？邻居张阿姨的女儿在国外读书,每天傍晚的时候,母女俩都会通过视频通话的方式分享自己的生活。我们应该如何在微信上开启视频通话呢?

通过微信,我们不仅可以与好友进行语音或视频聊天,也可以向好友发送文字消息、语音信息、图片和小视频等。这一讲,我们将介绍如何在微信上与亲朋好友传递各种类型的消息,以及如何创建或加入群聊。

一、通过聊天窗口发送消息

1. 发送文字消息

微信最基础的功能便是发送文字与语音消息,发送文字消息操作界面如图 2-24 所示。

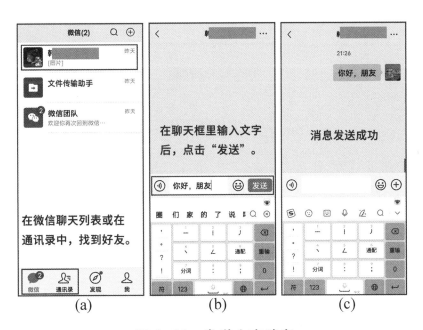

图 2-24　发送文字消息

【选择好友】在微信主界面,直接点击好友头像,或点击右上角的搜索按钮来查找指定好友,进入双方聊天界面。

【输入文字】在聊天框中,选择习惯的输入法,输入文字。输入完成后,点击"发送",即可成功发送消息。

【复制消息】长按文字消息,便可唤醒图 2-25 所示菜单。点击"复制",然后将复制好的消息粘贴到当前或与其他人对话的聊天框中,点击"发送"即可。

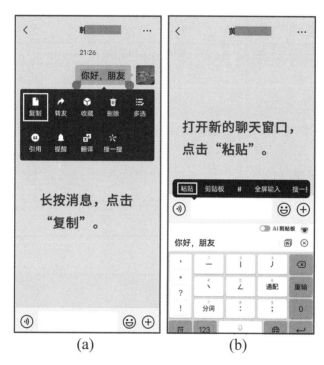

(a)　　　　(b)

图 2-25　文字消息操作菜单

【转发消息】在图 2-25 所示菜单中,点击"转发",便可将当前消息快捷转发给其他好友,如图 2-26 所示。

【收藏消息】我们可以将有价值的信息收藏起来,以便随时查阅。文字、语音、图片、视频、链接等信息都可以被收藏。操作如图 2-27 所示,长按消息,点击"收藏"。收藏后的消息可在"我的"→"收藏"中查看。

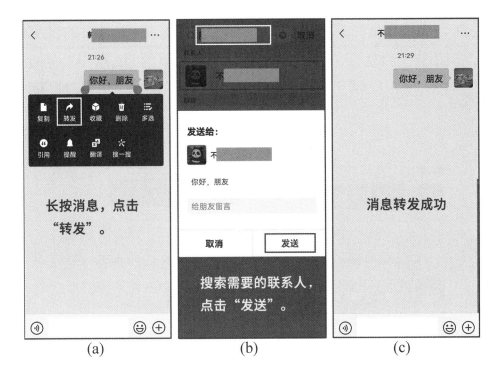

(a)　　　　　　(b)　　　　　　(c)

图 2-26　转发消息

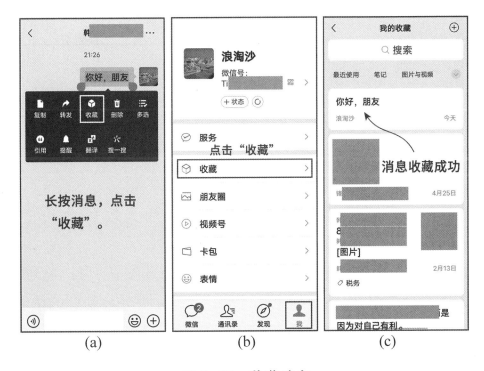

(a)　　　　　　(b)　　　　　　(c)

图 2-27　收藏消息

【撤回消息】在消息发出后2分钟内,如果发现发出的文字信息有误,可撤回该消息。如图 2-28 所示,长按该消息,点击"撤回",即可撤回该消息。当聊天界面显示"您撤回了一条消息"时,即撤回成功。

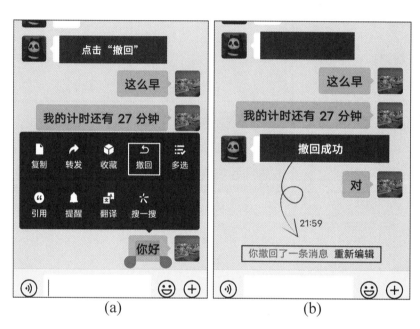

图 2-28　撤回消息图示

同样,其他类型的消息,如语音、图片、文件等,都可以在有效时限内,通过长按消息执行撤回操作。

2. 发送语音信息

微信的语音信息功能大大提高了我们的聊天效率,解决了打字慢带来的沟通不畅问题。

如图 2-29 所示,点击聊天界面左下角的 按钮,可以将聊天模式由文字切换至语音。按住"按住说话"按钮,便可录制您的语音,录制完成后,松开手指即可发送。如果消息有误,松开手指前可将手指滑向⊗,即可取消该语音消息。单条语音信息用时不可超过60秒。

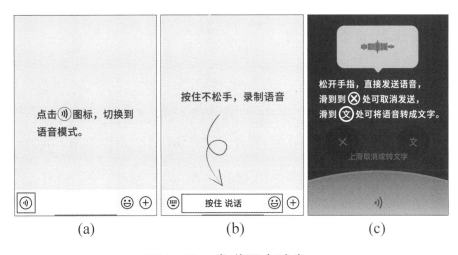

图 2-29 发送语音消息

在不方便收听语音信息的场合,可通过"转文字"功能将语音信息转换成文字阅读。同样,发出或收到的语音消息可以被收藏、撤回,但不可进行转发操作。

3. 发送表情

如图 2-30 所示,在好友聊天界面,点击右下角的表情图标😊,在表情列表中选择合适的表情,点击即可发送。点击♡按钮,可以发送收藏或自定义的表情。

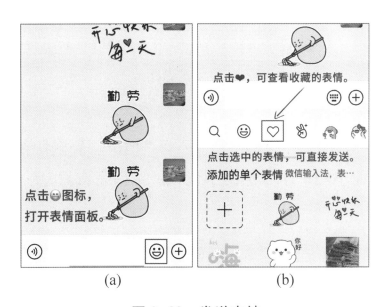

图 2-30 发送表情

二、发送其他类型消息

1. 发送图片与视频

如图 2-31(a)所示,在好友聊天界面,点击⊕按钮,再点击"相册",在相册里选择待发送的图片,单次可以发送 1~99 张图片。选择完毕后,点击"发送"按钮即可。

如果想要发送高清图片,在发送图片之前勾选"原图"选择框,如图 2-31(b)所示。

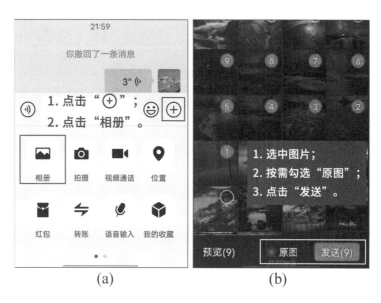

(a)   (b)

图 2-31   发送图片

2. 拍摄图片或小视频

如图 2-31、图 2-32 所示,点击⊕→"拍摄",轻触按钮即可拍照,按住拍摄按钮不松手即可录制小视频。拍摄完成后,点击"发送"即可。

3. 分享位置

如图 2-31、图 2-33 所示,点击⊕→"位置",即可发送当前或某处选定位置,或与对方进行位置的实时共享。

在向对方分享位置时,既可以分享当前位置,也可以在搜索框中搜索定位某处其他位置。对方接到定位后,可以点击该定位,选择导航打开,即可跳转到导航界面进行导航。关于如何使用导航,我们将在第八章中进行介绍。

与对方实时共享位置时,双方位置会抽象为屏幕上的两处小点,定位会随着双方的移动实时显示在屏幕上。这种方式适用于快速找到彼此的位置。

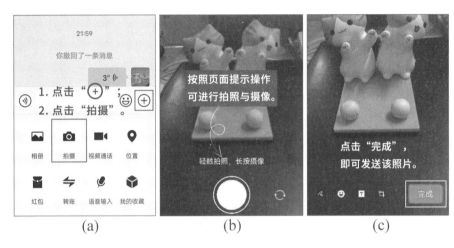

图 2-32　拍摄图片或录制小视频

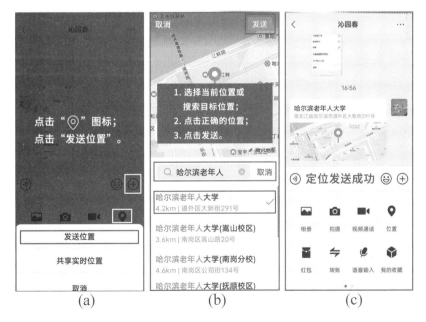

图 2-33　分享位置

我们还可以通过⊕菜单中的选项,给对方转账、发红包,或将其他人的微信名片推荐给当前好友。

三、发起语音或视频通话

我们在微信上,通过发起语音或视频通话,可实现像接打电话一样的即时通话功能。如图 2-31、图 2-34 所示,点击⊕→"视频通话",在弹出的菜单中选择"视频通话"或"语音通话"。

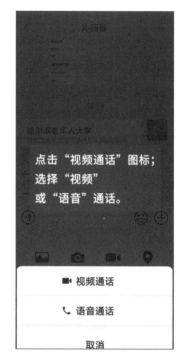

图 2-34 视频通话或语音通话

四、发布朋友圈

我们可以在朋友圈查看朋友们的动态,也可以发布自己的动态,向全部或指定好友分享我们的心情或生活。朋友圈动态可以是文字、图片、视频等。

1. 发布文字

如图 2-35 所示,在微信主界面点击"发现",在该界面点击"朋友圈",即可查看朋友们的动态信息。在此界面上长按右上角的◙按钮,输入文字,点击"发送"即可。

在发送之前,也可以在该条朋友圈内容中嵌入您当前所在位置,还可以指定某些人有权限查看该条信息内容。

2. 发布图片、视频

如图 2-35 所示,单击右上角的◙按钮,便可现场拍摄或从相册中选择图片或视频。选择完成后,单击"发送"即可。

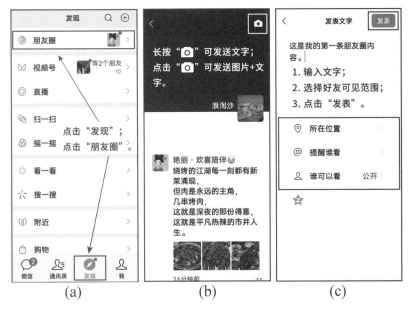

图 2-35　发布朋友圈

第四讲　如何管理好友列表

？ 微信通信录里的好友昵称五花八门,时间一长,就很难想起某个好友的微信昵称了,这时应该如何找到好友呢?

我们可以通过为添加的好友设置备注的方式来标记好友,也可以将不想再联系的陌生人的微信从好友列表中删除。这一讲,我们来介绍如何管理好友列表。

一、添加好友备注及标签

在设置备注一栏中,可以填入好友的真实姓名,或者为好友设置一个专属名称,以便提示自己对方的姓名或真实身份。操作步骤如图 2-36 所示。

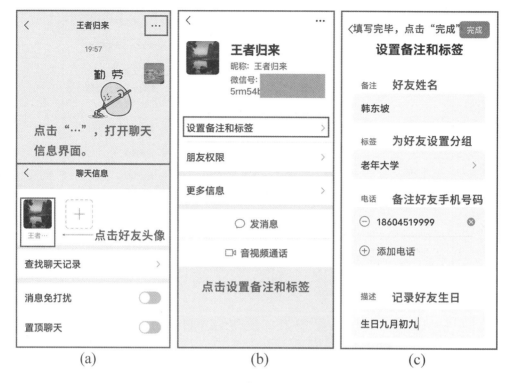

图 2-36　为好友设置备注和标签

【步骤1】点击聊天界面右上方的"…"按钮。

【步骤2】点击好友头像。

【步骤3】点击"备注和标签",即可为好友设置备注。同时,也可以在标签中填入好友的相关信息,如好友的照片、生日等。

例如,如果对方的昵称为"王者归来",对方的真实姓名为"韩××",那么便可以将"韩××",或"韩××-老年大学教师"填入备注信息。这样,即使其日后更换昵称或头像,您依然可以在自己的好友列表中,通过搜索"韩××"找到该好友。

二、将恶意好友加入黑名单

如果经常收到某个人通过微信发来的骚扰信息,便可以通过将对方加入黑名单来阻止此人的消息。"拉黑"对方后,对方依然是您的好友,但是对方发给您的一切消息将不会显示在聊天窗口,直到好友被移出黑名单。具体步骤如图 2-37 所示。

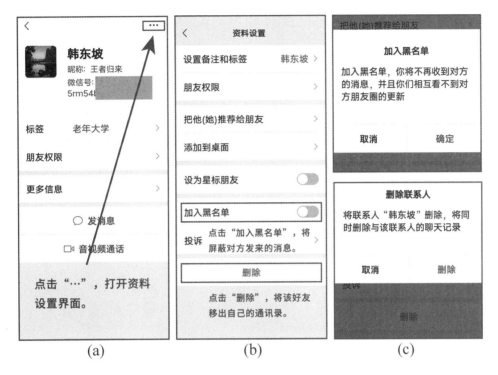

图 2-37 将好友加入黑名单或删除好友

【步骤1】在聊天界面点击"…"按钮。

【步骤2】点击好友头像。

【步骤3】打开"加入黑名单"后的开关,即可将好友加入黑名单。将好友移出黑名单时,重复上述操作即可。

三、删除好友

删除好友与将好友加入黑名单的操作类似,在图 2-37 所示的界面中,点击"删除",然后确认即可完成删除操作。如果想要再次添加对方为好友,可按照本章第二讲中添加好友的方式,重新操作即可。

第五讲 如何查找并使用微信小程序

? 现在去很多饭店吃饭时,店员会提示我们扫描二维码,通过小程序点餐或买单。那么什么是小程序,我们又该如何使用它呢?

小程序通常具有与应用软件类似的功能。与应用软件相比,小程序更加便于获取和传播,在微信内搜索之后即可使用,不占用手机的内存空间。这一讲,我们以"丁香医生"为例,为大家讲解如何获取及使用小程序。

一、搜索小程序

在微信主界面单指向下滑动,即可获取小程序列表,分上下两栏陈列我们关注过或者最近使用过的小程序。

首次使用小程序时,可以通过"搜索"的方式来找到相应小程序,具体操作如图 2-38 所示。

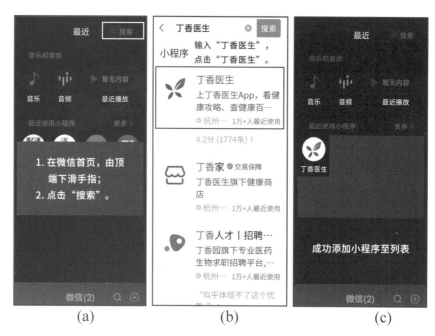

(a)   (b)   (c)

图 2-38 搜索小程序

【搜索小程序】在微信主界面单指向下滑动,输入小程序的名称,点击"搜索"。

【添加小程序】在结果列表中找到需要的小程序,点击该选项,即可将小程序添加至列表中。

也可以通过扫描小程序的二维码,直接将小程序添加至列表中。

【使用小程序】使用小程序与搜索小程序的操作类似,在列表中找到需要的小程序,点击进入即可。

二、分享小程序

如图 2-39 所示,在小程序界面,依次点击"…"→"转发给朋友"→好友头像,即可将小程序以链接的形式转发给好友,好友点击该链接即可打开小程序。

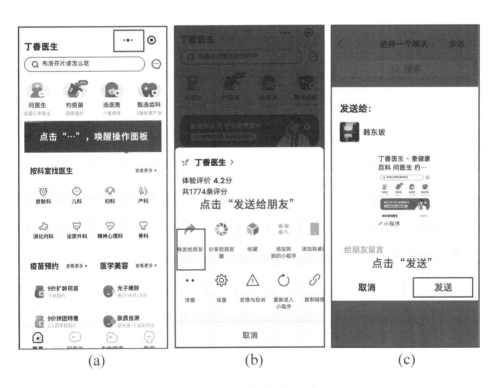

(a)   (b)   (c)

图 2-39 分享小程序

第六讲　如何使用微博拓宽视野

（?）经常听到孩子们讨论头条、热搜,我想消除与孩子们之间的代沟,获得更多的资讯,应该怎么做呢?

我们经常说的"热搜",顾名思义,即为热门搜索,多指新浪微博或其他大型网站上,当日或近期被热议的事件。这一讲,我们从"热搜"这一主题出发,为大家讲解新浪微博的注册和使用。

一、了解微博

微博,即"新浪微博",是国内知名的新闻及社交媒体平台,用户可以通过手机或电脑等多种媒介登录微博。

微博既是用以获取新闻与热点的资讯平台,也是用户间彼此关注、互动的网络社区和社交媒体。在微博平台,我们既是观众,可以浏览各种有趣的信息,并给予点赞、评论或是转发;也是创作者,可以将自己的文章、摄影作品、生活中的点滴发布到自己的微博主页,与他人分享。

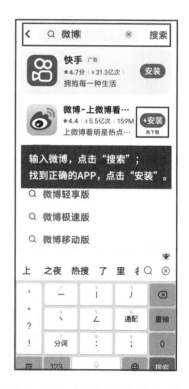

二、安装新浪微博

如图 2-40 所示,点击"应用程序"→输入"微博",点击"搜索"→找到微博图标,点击"安装"。

图 2-40　搜索微博并安装

三、注册微博账号

安装完成后,在手机桌面点击微博图标,进入微博界面。首次使用微博时,需要注册账号,具体操作如图 2-41 所示。

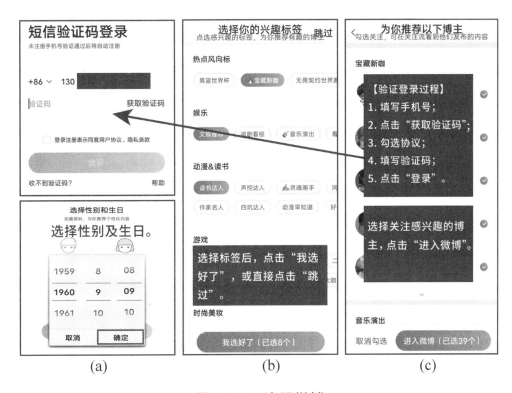

    (a)   (b)   (c)

图 2-41　注册微博

【使用手机号注册】输入自己的手机号,点击"获取验证码",将收到的验证码填入输入框,勾选同意用户协议及隐私条款,点击"登录"。

【填写基本信息】在基本信息界面,点击选择性别,并选择出生年月日。点击"确定"后,即可跳转至下一步。

【勾选兴趣】在兴趣标签界面,点击选择数个自己感兴趣的主题,在后续使用过程中,微博便会基于兴趣标签向您推荐您有可能感兴趣的内容。

【关注博主】在微博推荐的博主界面,至少要勾选四个以上感兴趣的博主,方可通过注册。

到这里,我们便完成了微博的注册,可以开始使用微博了。

四、获取定位权限

我们在使用微博时,可以选择开启或不开启定位权限。开启或关闭定位的操作流程如下:依次点击"设置"→"隐私"→"权限管理",在应用列表中找到微博。如图 2-42 所示,点击"定位",勾选"使用应用时允许"。如果想要关闭定位,则勾选"禁止"。

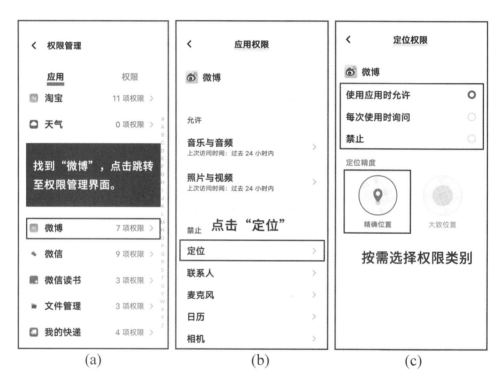

(a)　　　　　　　(b)　　　　　　　(c)

图 2-42　获取定位权限

五、查看热搜

在微博首页,点击"发现"→"热搜",即可查看当日热门消息,如图 2-43 所示。

六、发布微博

如图 2-44 所示,在微博主界面,点击右上角的 ⊕ 按钮,在弹出的菜单中,选择想要发布的内容类别,如文字、图片或视频。

图 2-43　查看微博热搜

图 2-44　发布微博消息

特别地,点击弹出菜单上的"点评",即可对热门电视剧、电影、综艺等节目进行打分和评论,与网友互动。

七、修改头像与昵称

系统会自动为新注册的用户设置默认昵称与空白头像,用户可以根据个人喜好进行修改。非会员的微博账号每一年度只有一次修改昵称的机会,而微博头像则可以随时修改。更换昵称的操作方式如图 2-45 所示。

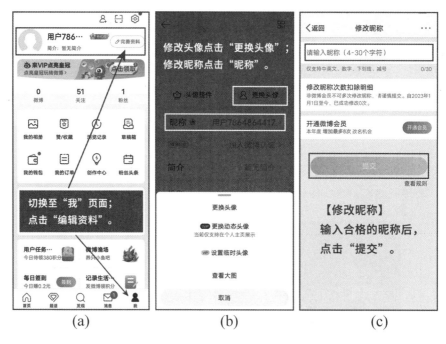

(a)   (b)   (c)

图 2-45　修改昵称

在微博主界面依次点击"我"→"完善资料"→"昵称",在输入框中输入新的可用昵称即可。更换头像时,点击"更换头像"即可。

需要注意的是,微博昵称不可与他人重复,尽量选择带有个性特征的微博名称,比如加入特殊符号或是数字等,比较容易通过注册。

第三章　手机购物与移动支付

　　智能手机的发展影响并改变了人们的生活方式,在网络购物与手机移动支付深度融合后,人们享受数字生活新服务可以不受时间和空间的约束。琳琅满目的服装,各地各色的美食,小到一颗纽扣,大到汽车游轮,都可以通过手机购买。在便捷服务的背后,除了商品流通逻辑的数字化改革,移动支付更是其重要的底层支撑,具有方便快捷、杜绝假钞等多重优点。

　　这一章,我们为大家介绍如何安全使用一些常用的购物软件,以及主流的移动支付方式。

第一讲　淘宝的注册与使用

　　❓　有心仪的东西不知道哪里可以买到,好朋友带来的宝贝我也想买一个,去哪里找?

　　这一讲,我们将通过介绍淘宝购物软件,把全国甚至全世界的商品搬到您眼前,教您"淘一淘"。

　　淘宝是阿里巴巴为满足生活消费和线上购物需求打造的手机软件,具有商品浏览、搜索、购买、支付、收藏、物流查询等在线功能。

一、淘宝的下载与安装

在手机的应用商店中,搜索"淘宝",选择下载和安装,如图 3-1 所示。

如图 3-2 所示,首次打开淘宝会收到关于淘宝网"隐私权政策"的温馨提示。提示包含了在使用淘宝过程中可能会收集必要信息的说明,阅读后请选择"同意"。淘宝也会向用户询问是否可以向您发送通知等,如果不需要实时阅读淘宝发来的通知或提示,或者不想被打扰,此处可以选择"禁止",在以后使用过程中,也可以在手机的"设置"中修改相应权限。

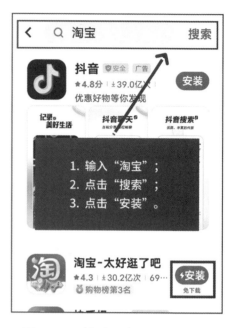

图 3-1 搜索"淘宝"并安装

(a)   (b)

图 3-2 首次打开淘宝必要的提醒

二、账号的注册与登录

打开下载好的淘宝应用软件,首次使用时,我们需要先注册一个淘宝账号。淘宝为新人用户提供了手机号注册与支付宝账号绑定登录两种快捷注册方式。没有支付宝账号的读者,可以参照本章第四讲的内容注册并使用支付宝。本讲重点介绍使用手机号注册淘宝账号。

1. 打开淘宝,进入淘宝首页后,点击屏幕右下角"我的淘宝",如图 3-3 所示。

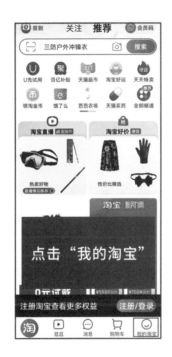

图 3-3　打开"我的淘宝",进入登录注册界面

2. 进入用户登录界面,系统自动识别手机号,可在勾选下方同意协议后,选择手机号"一键登录",进入登录界面,点击"立即注册"即可一键注册。或者在登录页面选择"立即注册",进行新用户注册,如图 3-4 所示。

3. 输入手机号,同意下方的相关协议后,点击"立即注册",进入输入验证码界面。此时注册手机号会收到一条来自淘宝的短信息,将四位验证码正确输入界面中即可,如图 3-5 所示。如遇到问题,可在界面下方选择重新发送,或通过语音验证码完成验证过程。

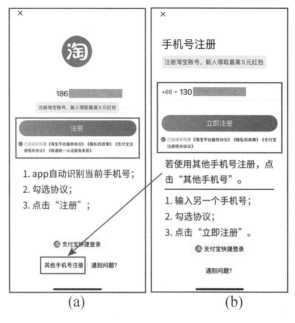

图 3-4　淘宝账户的注册

4.为保证购物体验,可绑定支付宝;如未注册支付宝,将自动注册支付宝账号并完成绑定。

5.跳转至支付宝并同意淘宝授权后即可完成支付宝的绑定,如图 3-6 所示。

图 3-5　验证界面

图 3-6　绑定支付宝

60

三、完善个人资料

在"我的淘宝"界面点击头像,进入个人资料信息界面(图 3-7)。

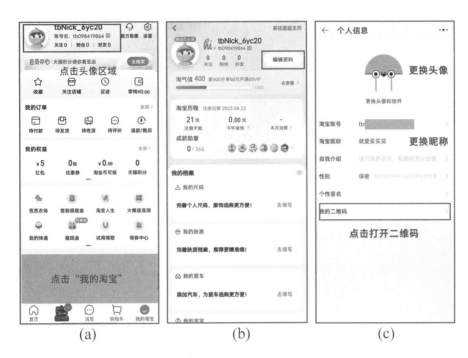

(a)   (b)   (c)

图 3-7 "我的淘宝"个人资料信息界面

点击"编辑资料",在此处可更改头像和挂件、修改淘宝账号名称(账号名是用户唯一凭证,一个年度仅允许修改一次)、修改淘宝昵称、自我介绍、个性签名。淘宝账号和昵称不能重复。

【我的二维码】点击进入,可以将二维码分享至微信或保存至相册,用来实现添加淘宝好友、分享商品、聊天等多种社交功能;也可以通过二维码下方"扫一扫"添加其他淘宝好友(图 3-8)。

【完善我的档案】个人资料信息界面

图 3-8 "我的二维码"名片

中,可以完善个人档案,包括"我的尺码""我的肤质"等个性化信息,可以辅助我们在挑选商品时对尺码、类型等进行选择。

【完善收货地址】在"我的淘宝"界面右上角点击⚙按钮进入设置界面。点击"我的收货地址"→"添加收货地址"(图3-9),填写收货人的相关信息后点击"保存"。收货地址可以添加多个,并选择一个作为默认地址。

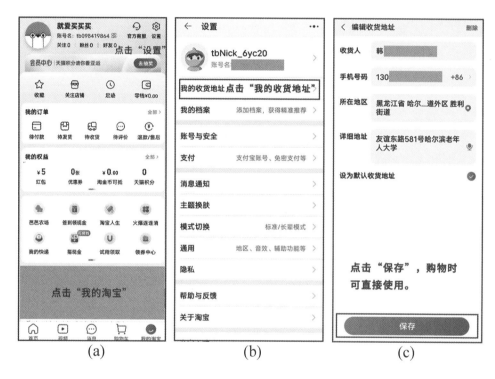

图 3-9 添加收货地址

【个性化设置】在"设置"→"模式切换"中可以设置整个应用软件的显示布局,建议根据需求选择适合的模式(图3-10)。

- 标准模式:信息内容丰富,功能全面。
- 极简模式:布局简单,购物快捷。
- 长辈模式:字大清晰,操作简单。

为最大限度地展示淘宝的各项功能,本书以下部分介绍中采用的模式为标准模式。

图 3-10　模式切换

四、购买商品

现在回到淘宝首页,开始真正的"淘宝"之旅。

1.搜索商品

在主要功能区有"分类"浏览模块,可以单击进入,按照商品分类浏览和选购。也可以在上方搜索栏输入商品的关键词,支持多关键词的搜索。搜索框后有相机拍照识图功能,可以根据图片搜索心仪的商品。在商品列表中点击"综合排序",即可根据信用、价格、销量对商品进行排序,如图 3-11 所示。

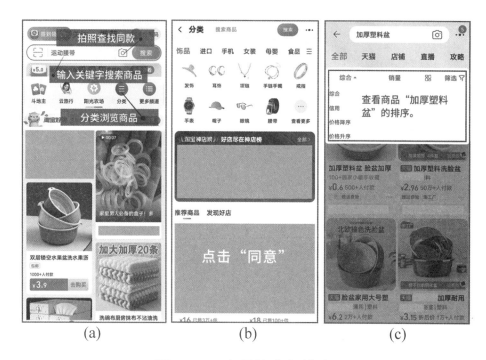

(a)　　　　　　　(b)　　　　　　　(c)

图 3-11　商品搜索与排序

2. 查看商品详情

查看浏览页商品概况可以了解商品复购率或者网店的概要信息,如"复购率64%""6年老店"等。选择具体商品,点击进入商品详情页,页面最上方展示的是商品的概要信息,可查看商家提供的服务,如是否包邮和7天无理由退换等。下滑进入评论区,包括商品评价、问大家和买家秀等不同层面的商品评价。商品的评价可以帮助大家判断商品的品质、服务、细节等,是很重要的参考信息。下滑进入店铺情况,商家的粉丝数量、宝贝描述、卖家服务、物流服务都是商家经营数据的直观体现,商家或者商品在淘宝平台获得的各种排行荣誉也会展示在这里。下滑到最后一部分就是商品详细图文信息,如图 3-12 所示。

还可以点击界面最下方的"客服",与店家针对商品情况进行沟通。心仪的商品可以选择加入购物车,或者先"收藏"供以后挑选。在"收藏夹"中可以建立个性化的主题来分类存放各种商品,可以通过"我的淘宝"→"收藏"查看。

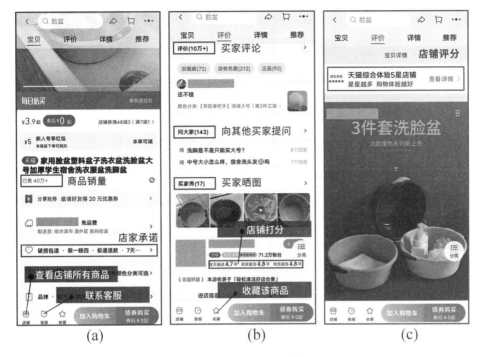

图 3-12　商品详情

3. 提交订单

选购好商品后,可以直接在商品详情页右下角点击"直接购买",也可以先加入"购物车",然后点击上方购物车$\Box$按钮进入"购物车"统一结算,如图 3-13 所示。

在选择好商品的尺码等信息后点击"立即购买"→"结算",或者在"购物车"里勾选一件或多件商品后,点击下方"结算",进入"确认订单"界面(图 3-14)。

选择正确的地址,确认物流配送信息无误后,点击界面下方"提交订单"进入付款界面,即可通过支付宝完成商品支付。

4. 查看购物详情

点击"我的淘宝"中间区域可查看所有订单概况,可以按照"待付款""待发货""待收货""待评价"分类浏览。点击右上角的"全部"可按下单先后顺序显示全部订单,选择任意订单可查看订单进度。大家主要关心的商品发货情况和相关物流信息,均可在此查看(图 3-15)。当收到货品确认无误后,可以点击右下角的"确认收货"

完成订单。

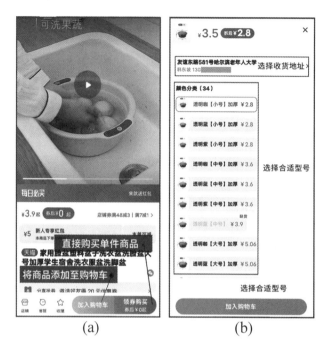

图 3-13 商品购买方式

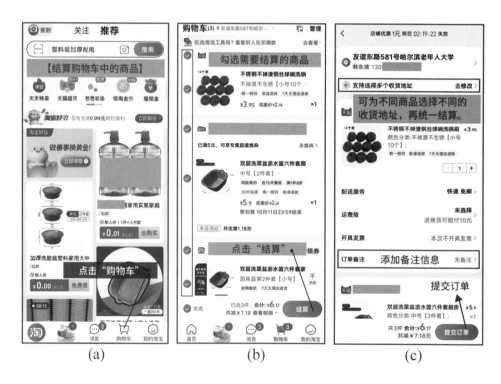

图 3-14 提交订单

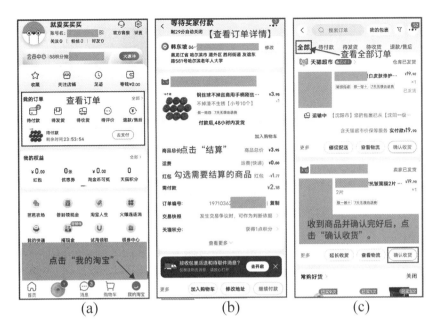

图 3-15　订单详情

5.收货及评价

收到商品后发现不满意,可在与客服沟通后,在商品详情页点击"退换"进入售后阶段,如图 3-16 所示。

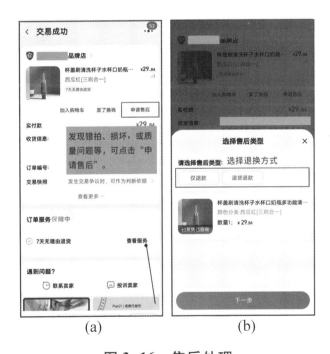

图 3-16　售后处理

如若满意则可点击订单详情页右下角的"确认收货",并完成评价。

第二讲 京东的注册与使用

? 除了大家都知道的淘宝,还有哪些主流的购物平台呢?

这一讲,我们介绍一下适宜购买家电、数码等产品的大型购物平台——京东,其以物流快速、品质保障受到消费者的青睐。各种注册、登录以及购买流程与淘宝等购物软件类似。

一、京东的下载安装与登录

学会了淘宝的使用模式,京东就变得简单了。同样在应用商店完成下载安装后进入京东应用软件。勾选同意京东隐私政策协议后,自动弹出本机号码的登录界面。勾选同意相关政策后,点击"本机号码一键登录"。如若没有注册,则按照提示直接注册新账号,如图 3-17 所示。注意,注册后进入新人频道,可根据需要选择新人礼品。登录后将会进入京东首页。

图 3-17 京东的注册与登录

二、基本信息设置

登录后,可进入界面下方"我的"完善账号信息。

如图 3-18 所示,点击 ⚙ 按钮进入账户设置界面,在该界面可以进行个人信息的修改。同样,账户名称一个年度只能修改一次。在账户设置界面还可以进行必要的地址管理,如新增、删除、切换显示模式等。

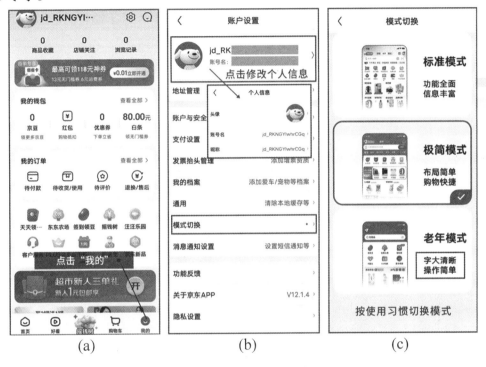

图 3-18　京东基本信息设置

三、购买宝贝

1.商品的搜索与浏览

可以在首页上方的搜索框中输入要购买的商品名称,也可以通过手机相机拍照来识别商品进入商品列表。主功能区可滑动选择商品分类,点击任意分类即可进入该主题分类详情。分类下的模块功能分区会根据市场情况更新,可以满足日常很多生活场景。"京东秒杀""百亿补贴""京东直播"等也可在模块下面的分区中直达,如图3-19 所示。

69

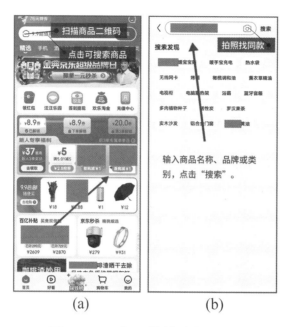

(a)   (b)

图 3-19　商品的搜索与浏览

　　京东会根据我们的浏览记录或购买习惯,推荐我们可能会感兴趣的商品。我们可以在首页滑动浏览,也可以点击首页下方的"好看",可以看到被推荐商品的使用场景及操作视频,如图 3-20 所示。

(a)   (b)

图 3-20　"好看"推荐与首页推荐

2. 商品的详情查看

在浏览界面点击任意商品进入详情页,可在界面看见商品预估到手的价格及其可以使用和领取的优惠券等,可以点击领取优惠券后再确认购买。可以选择收货地址和配送时间。此处由于京东有自己独立的物流,所以标注京东物流的商品可以支持"211限时达"(即上午下单,下午送达)、预约送货等一系列物流服务。其他商品详情在界面中可点击图片放大等,方便仔细浏览,如图3-21所示。

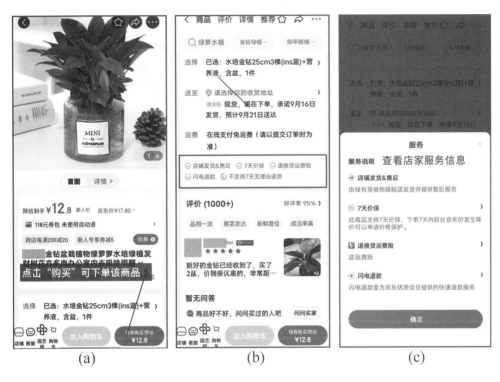

图 3-21 商品详情

3. 商品的购买

选好商品后点击"立即购买",然后选择商品尺码、颜色等,确认后进入"订单填写"界面,选择正确的收货地址和合适的物流配送方式,核对好价格后点击"提交订单"进入付款界面,选择付款方式后提交订单即可完成购买(图3-22)。想要查看订单信息,只需进入"我的"就可以在界面上查看"我的订单"(图3-23),操作方法同淘宝。

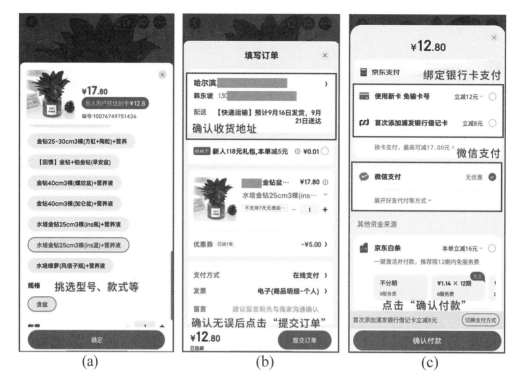

图 3-22　订单提交

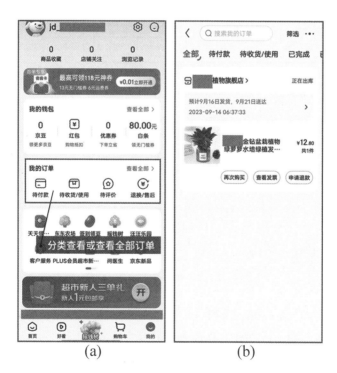

图 3-23　查看"我的订单"

4. 售后与评价

收到商品后若不满意,可在商品详情页下方点击"申请退款"进入售后阶段;若满意则可点击订单详情页右下角的"确认收货",并完成评价。

第三讲 饿了么的注册与使用

？ 周围有什么好吃的火锅吗？送到家里的甜点、水果从哪里买得到呢？

熟悉了一般的购物软件,我们就可以进一步去探索一下饿了么、美团这类更倾向于本地化的服务软件,它们会为我们提供更多美食上的数字体验。

一、注册与基本信息完善

在应用商店完成下载、安装后即可点击图标进入饿了么应用软件,首次进入应用软件,会根据手机号码默认登录,点击"一键登录",未注册手机号会自动完成注册(图3-24)。

登录成功后会有位置信息权限的授权,此处选择"使用时允许"或"仅本次使用时允许"。由于饿了么主要是根据定位信息提供可以配送的美食服务,所以尽量选择"使用时允许",如图3-25所示。

进入首页,右上角自动显示当前所在位置。在"我的"页面,点击头像,可以完善个人信息。在"红包"和"券包"中,本账户的优惠信息一目了然,点击相应优惠可以查看具体使用场景,在结算时将自动使用。在此页面中点击"设置",可以新增和管理收货地址,软件支持添加多个地址,比如工作单位和住宅等常用位置,如图3-26所示。

图 3-24　注册登录　　　　图 3-25　定位权限开启

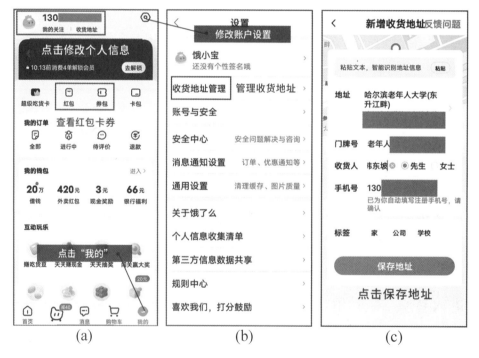

(a)　　　　　(b)　　　　　(c)

图 3-26　我的基本信息

二、美食选购与下单

1. 美食的选购

在首页,首先查看界面右上角的定位信息是否为您所要使用的配送地址,点击"美食外卖",可以在上方搜索框中输入您想要购买的美食名称或者店铺名称,进行精准搜索,如图 3-27 所示。也可以在下方可滑动的菜单栏中,根据"精选""美味饭菜""汉堡西餐""奶茶咖啡"等进行分类选购。还可以在下方的筛选排序区中,按照商品的销量多少、价格高低、配送速度快慢、评价好坏、距离远近等多种属性对美食或服务进行排序,方便我们选到物美价廉、配送快速的餐品。

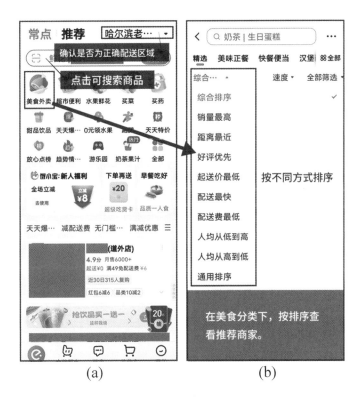

(a)　　　　　　　　(b)

图 3-27　"美食外卖"选购

2.美食下单

看中了食欲满满的美食,那就准备下单吧。如图 3-28 所示,点击一款美食进入详情界面。左侧栏是店内的分类主题,可根据主题滑动浏览菜品,点击菜品的"+"按钮加入"口袋",同时支持加购多个菜品并统一下单。加购时可以看见每个商品的折扣情况和优惠明细。点击右下角"结算"进入"确认订单"界面。美食的外卖派送会产生配送费和包装费等,在"确认订单"界面要仔细核对,注意选择可以使用的红包。支付方式可以选择和更改。

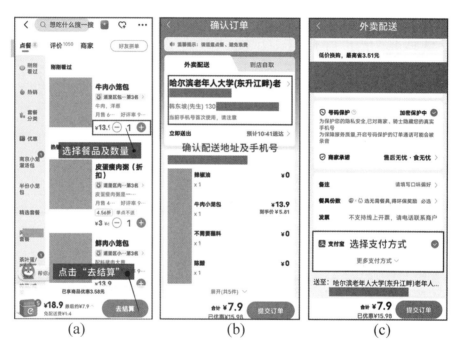

图 3-28　美食选购下单

下单后可直接进入订单详情页,也可以通过首页下方"订单"查看所有订单详情。在详情页可以查看美食的制作、骑手派发、骑手取货、骑手送货的定位与行动轨迹、送达全流程信息。

3.售后与评价

在收到美食后,如有关于配送、外包装、食品本身等问题的,可进入"订单详情"界面,致电商家进行解决。

第四讲　支付宝的注册与使用

❓ 我选好了东西怎么买不了呢？付款的钱从哪里来？

这一讲将介绍一款常见的在线支付方式——支付宝。无论是淘宝购物、在线点餐、超市结账，我们都可以使用支付宝进行结算。

一、支付宝账户注册、登录与实名认证

支付宝是国内使用较广泛的第三方支付平台，主要提供支付及理财服务。由于支付宝采用实名认证管理，所以在打开支付宝通过输入手机号完成短信验证后，再经刷脸或身份证验证，方可完成注册，如图 3-29 所示。

(a)　　　　　　(b)

图 3-29　支付宝手机号注册

在支付宝"我的"界面点击右上角"设置"⚙按钮→"账号与安全",在这个界面通过上传身份证照片与人脸识别完成实名认证,如图 3-30 所示。

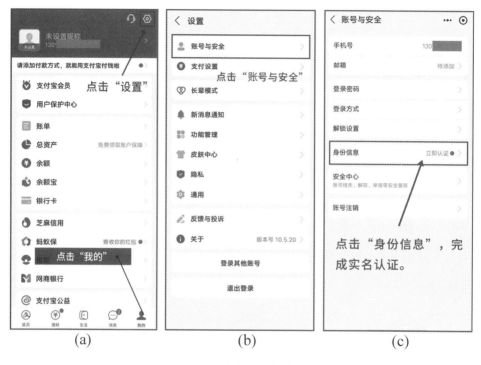

图 **3-30** 支付宝实名认证

实名认证后在设置界面"支付设置"设置支付密码,根据提示完成支付密码的设置。这个密码是独立于个人银行的密码,使用支付宝付款时使用此密码,该密码用于确保我们的财产安全,请勿告知他人。如果忘记该密码也可以在同个界面进行重置,如图 3-31 所示。

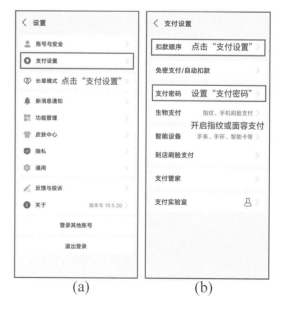

图 **3-31** 支付宝支付设置

二、绑定银行卡

在支付宝主界面,点击右下角"我的"→"银行卡",进行添加银行卡操作,如图3-32所示。

如图3-33所示,可以通过三种方式添加银行卡:第一种是输入银行卡号;第二种是点击相机通过拍摄银行卡正面添加;第三种是免输入卡号,通过银行预留信息直接添加。每种添加方式均需要经过绑定银行卡的手机短信验证,如图3-33所示。

图 3-32　支付宝添加银行卡

三、支付宝的付款方式

在支付宝主界面中,点击"扫一扫",获取商品信息后可选择付款方式。您可以选择前述添加的银行卡或使用账户余额,输入付款密码后即可完成交易,如图3-34所示。

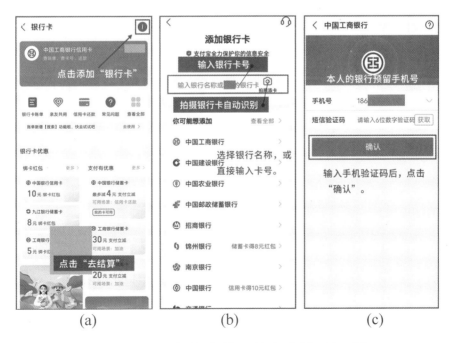

(a)	(b)	(c)

图 3-33　添加银行卡的三种方式及手机验证

在网购场景付款时选择支付宝,会跳转至支付宝付款界面(图3-34),选择付款银行账号并输入支付密码,即可完成支付。

扫码付款时,点击支付宝首页"收付款"将"向商家付款"二维码出示给商家扫码即可完成支付过程。在付款码下方可以调整付款银行,如图3-35所示。

图 3-34　支付宝付款

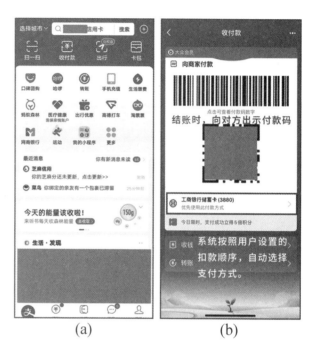

(a)　　　　　　(b)

图 3-35　选择支付银行

第五讲　微信支付的开通与使用

？ 领取群里好友发的红包后钱存在哪里?怎样给微信好友发红包?

微信支付也是国内的第三方支付平台,用户可以通过手机快速完成支付流程。微信支付以绑定银行卡的快捷支付为基础,向用户提供安全、快捷、高效的支付服务。

一、绑定银行卡

在微信主界面中,点击右下角"我"进入界面,依次点击"服务"→"钱包"→"银行卡",进入"我的银行卡"界面。点击"添加银行卡",输入卡号,或点击 📷 按钮,拍摄银行卡正面图自动识别,也可以根据银行实名信息通过免输卡号添加,如图 3-36 所示。注意此处添加的银行卡要与微信实名认证的用户保持一致。

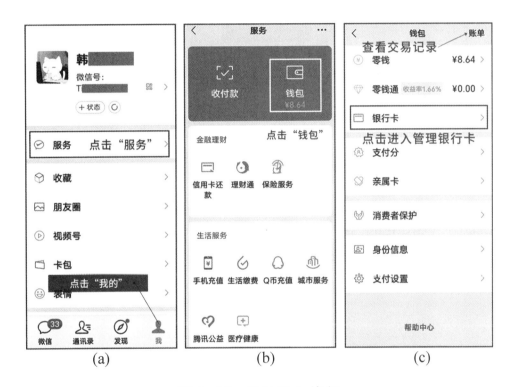

图 3-36　微信进入钱包

点击"下一步",系统会给该银行卡的绑定手机号码发送验证短信,验证正确后设置支付密码,再次确认支付密码后,点击"完成",银行卡即绑定成功。刚刚设定的密码就是微信的支付密码,与银行卡的取款密码无关。如果想要解绑一张银行卡,可点击该卡,再点击其右上角的"…"按钮解绑即可,如图 3-37 所示。

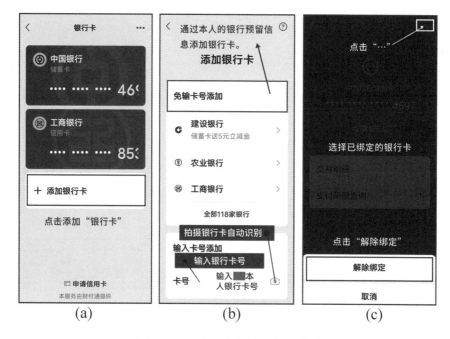

图 3-37　银行卡的绑定与解绑

二、发送微信红包与转账

如图 3-38 所示,在与好友的聊天框中,点击输入区右侧的"+"按钮→"红包",填写不大于 200 元的金额,在下方写上备注信息即可。转账则没有 200 元的额度限制,其他操作方式与发送红包一致。

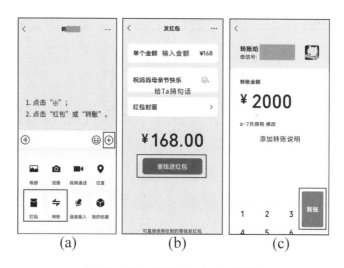

图 3-38　微信红包与转账

在群聊中也可以发送红包,包括拼手气红包、普通红包和专属红包。选择专属红包需要指定群中某个好友,只有这个好友才可以领取红包。如图3-39所示。所有红包若超过24小时未领取均会将钱原路返回。

(a)　　　　　　(b)　　　　　　(c)

图3-39　在微信群内发送红包

三、其他微信支付

1.扫码支付

在微信主界面,点击右上角"+"按钮→"扫一扫"(图3-40),扫描商家收款二维码后,手动输入付款金额,点击"支付",完成付款密码的输入即可。

2.付款码支付

同一界面选择"收付款",即可打开个人付款码,在商家的扫码设备上扫码即可完成付款动作。

图3-40　扫码支付

其他网购场景付款也可以选择微信支付,选中"微信支付"后点击"去付款",会自动跳转至微信支付界面,输入支付密码即可完成网购支付。

第四章 影视音乐与听书应用软件

第一讲　如何下载与登录爱奇艺

? 我们平常都会通过观看影视作品来充实生活,那么应该如何正确使用影视应用软件呢?

这一讲,我们以爱奇艺为例,从下载爱奇艺开始,逐步认识爱奇艺,直到熟练使用爱奇艺观看喜欢的影视作品。

一、搜索并下载爱奇艺

下载爱奇艺的步骤,可以参照第一章第五讲"如何下载与管理应用软件"中的方法,如图 4-1 所示。

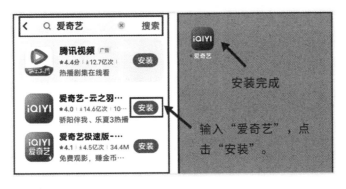

图 4-1　搜索"爱奇艺"并安装

【搜索】保证我们的手机处于联网状态,打开手机的应用商店,在搜索框中输入"爱奇艺"。

【安装】在搜索结果中,找到爱奇艺,点击"安装"。当桌面上出现爱奇艺图标且其被点亮时,爱奇艺就安装完成了。

二、登录爱奇艺

为了保障用户的个人权益,首次打开爱奇艺时,需要签署"用户协议与隐私保护",如图 4-2 所示。

点击"同意并继续",会跳转到登录界面,如图 4-3 所示。

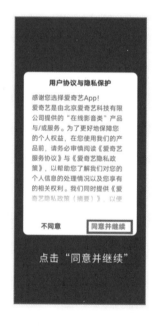

图 4-2 爱奇艺"用户协议与隐私保护"

图 4-3 登录界面

爱奇艺支持访客模式和账号登录模式,其中账号登录模式又支持微信、短信、百度账号等。如果选择"跳过登录",那么就会以访客的模式进入应用软件。此模式下,观看记录、收藏内容将不会被记录,不便于我们再次使用,因此建议登录后再使用。不论采用哪种登录模式,都需要勾选"我已阅读并同意用户协议和隐私政策"。

【微信登录】如果我们有微信账号并已在手机上安装、登录微信,那就可以选择此种登录模式。点击"微信登录"后,系统会自动跳转到微信界面进行授权登录,同时需要手机号验证,如图4-4所示。

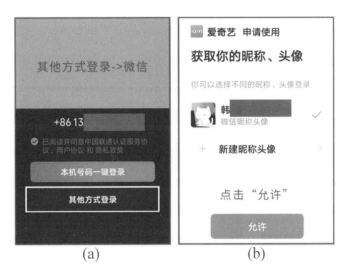

(a)　　　　　　　　(b)

图4-4　微信授权和手机号验证

【短信登录】此模式通过"本机号码一键登录"和"其他手机号登录"两种方法。其他手机号登录需要点击"获取验证码",输入接收到的六位验证码后才能登录,具体如图4-5所示。

【百度登录】如果我们有百度账号,也可以通过此种方式登录爱奇艺,具体如图4-6所示。百度账号的注册方法可以参考本书第七章中百度网盘的使用。

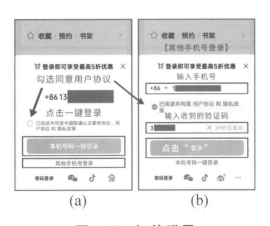

(a)　　　　　　(b)

图4-5　短信登录　　　　　图4-6　百度账号登录

三、修改个人资料

首次登录后可以点击"我的"→"设置我的昵称"来进行个人资料的维护,具体操作如图 4-7 所示。

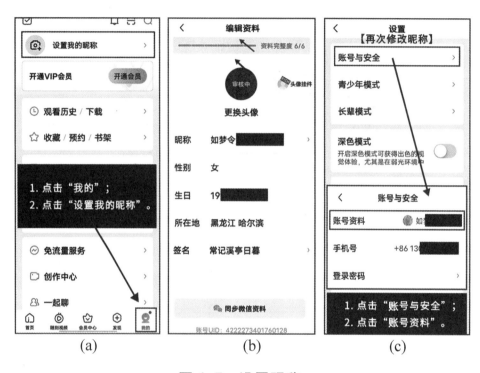

(a)　　　　　　　(b)　　　　　　　(c)

图 4-7　设置昵称

后期也可以依次点击"我的"→"设置"→"账号与安全"→"账号资料"来进行个人资料的维护,具体操作如图 4-8 所示。

四、切换账号

可以通过依次点击"我的"→"设置"→"切换账号"→"登录其他账号"来实现其他账号的登录,具体操作如图 4-9 所示。

五、退出登录

可以通过依次点击"我的"→"设置"→"退出登录"来实现当前

账号的退出,具体操作如图 4-10 所示。

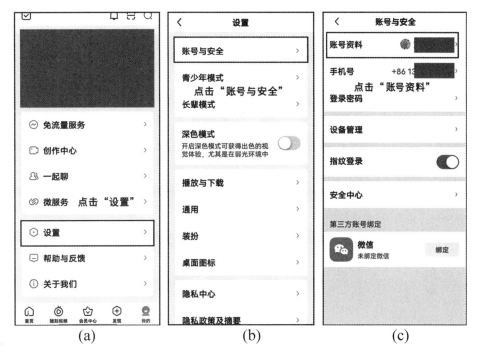

图 4-8　编辑个人资料

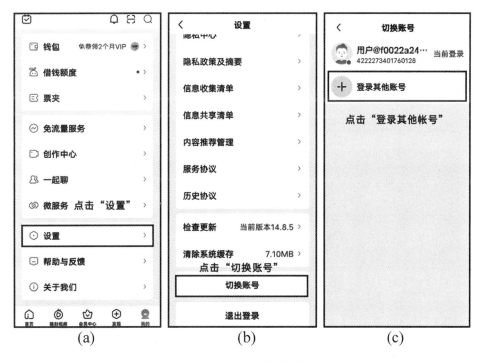

图 4-9　切换账号

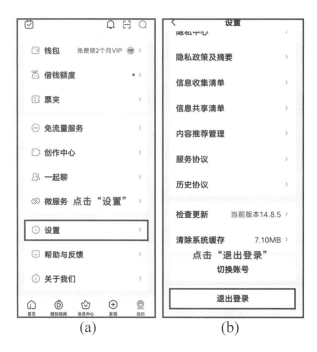

(a)   (b)

图 4-10　退出登录

六、电脑登录爱奇艺

我们也可以在电脑端登录爱奇艺观看视频。

首先登录爱奇艺官网 https://www.iqiyi.com/，如图 4-11 所示。可以在右上角进行登录操作。

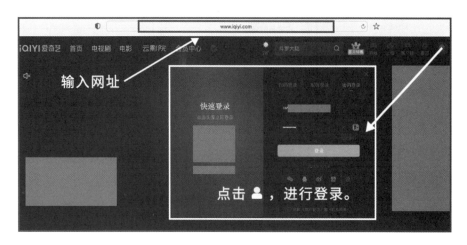

图 4-11　爱奇艺官网

第二讲　如何观看视频

❓ 面对海量视频,如何挑选自己喜欢的视频进行观看呢?

登录爱奇艺后,面对平台上种类和数量繁多的视频,我们如何挑选自己喜欢的视频进行观看呢? 这一讲,我们将学习挑选视频的几种途径。

一、首页推荐

打开爱奇艺,在首页可以看到近期的热播视频以及根据个人历史观看偏好推荐的视频,我们可以从中挑选观看,如图4-12所示。

二、分类筛选

平台将每个视频都做了归类,现在我们以纪录片为例,讲解如何挑选各个频道的视频,如图4-13所示。

三、搜索视频

在搜索框中输入视频的名称或与视频相关的关键字,即可查找视频。在搜索的结果列表中,选择想观看的视频,点击跳转至该视频页面。具体操作如图4-14所示。

图4-12　首页推荐界面

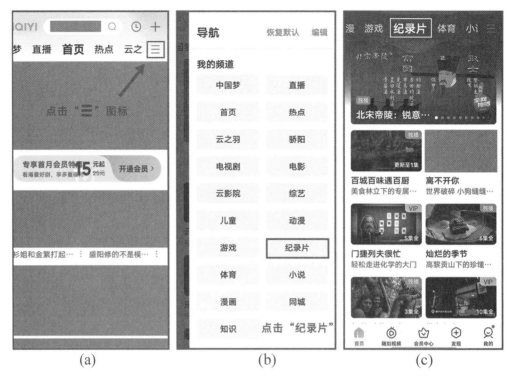

(a)　　　　　　　(b)　　　　　　　(c)

图 4-13　按频道挑选

(a)　　　　　　　(b)

图 4-14　搜索视频

点击搜索框,页面上会分类呈现当前阶段搜索热度最高的影视剧或视频,我们可以直接从热榜中选取感兴趣的视频进行观看,如图 4-15 所示。

图 4-15　"热搜"视频

四、观看历史

视频应用软件会将会员用户的观看记录保存在"观看历史"中,以便用户再次观看时,可直接续播之前的剧集,也方便其快速找到曾经浏览过的视频。通过依次点击"我的"→"观看历史/下载"→"观看历史"可以看到之前看过的视频。具体操作如图 4-16 所示。

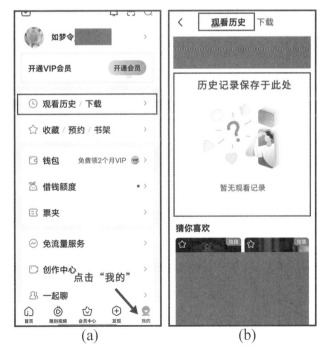

(a)　　　　　　　　(b)

图 4-16　观看历史

第三讲 如何收藏与下载视频

? 当我们非常喜欢某个视频想要收藏,或者没有手机流量和 Wi-Fi 时,该如何离线观看视频呢?

这一讲,我们就具体讲讲爱奇艺的收藏视频和下载视频功能。

一、收藏视频

在视频播放界面,点击屏幕下方的"收藏"按钮收藏视频,若变成"已收藏"就表示该视频已收藏成功,这种状态下再点击一次可以取消收藏,如图 4-17 所示。

(a)   (b)

图 4-17 收藏视频

二、管理收藏视频

依次点击"我的"→"收藏/预约/书架"→"收藏",可以看到所有收藏过的视频;点击视频可以进行快速观看;长按或者点击"编辑"按钮,可以对收藏的视频进行单个或批量删除等操作,如图4-18所示。

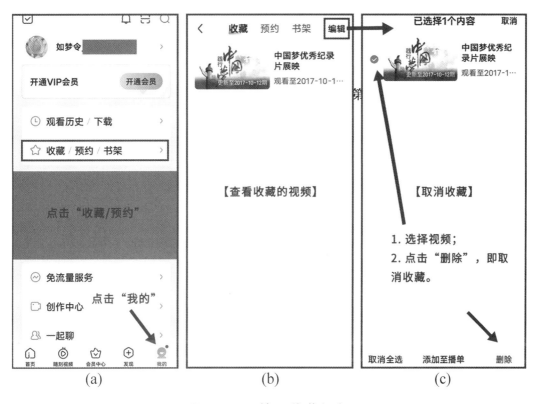

(a)　　　　　　　(b)　　　　　　　(c)

图 4-18　管理收藏视频

三、下载视频

如图4-19所示,我们可以在视频的预览界面点击"下载"按钮;也可以在观看视频的过程中,点击屏幕下方的"下载"按钮。可以单击选择剧集,或是水平滑动快速选择多个剧集,同时可以点选不同的音效与视频清晰度进行下载。由于版权限制,有些影视或视频作品,需要开通会员方可下载。

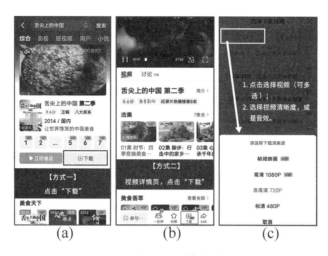

图 4-19 下载视频

四、管理下载视频

如图 4-20 所示,依次点击"我的"→"观看历史/下载"→"下载",就可以看到所有已下载和下载中的视频,点击视频可以直接观看,长按视频或者点击"编辑"按钮,可以对下载的视频进行单个或批量删除等操作。下载后的视频文件需要定期管理、清除,以便释放更多的手机存储空间。

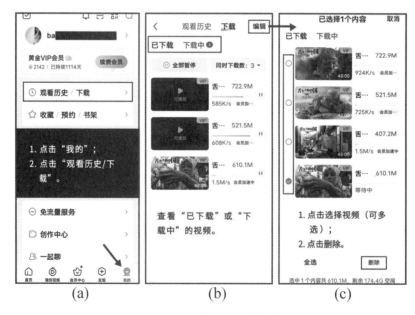

图 4-20 管理下载视频

第四讲　爱奇艺的实用操作

? 家里有一台电视,但是我只开通了手机客户端的爱奇艺会员,可不可以将手机上正在播放的视频投屏到电视上播放呢?

一、播放设置

【进入全屏/横屏模式】在竖屏状态下,点击视频右下角的"全屏"按钮,可全屏播放视频,如图 4-21 所示。

【唤醒播放设置菜单】在全屏播放模式下,轻触屏幕,显示操作菜单。点击菜单栏中的"…"按钮,可唤醒播放设置弹窗,如图 4-22、图 4-23 所示。

图 4-21　全屏观看

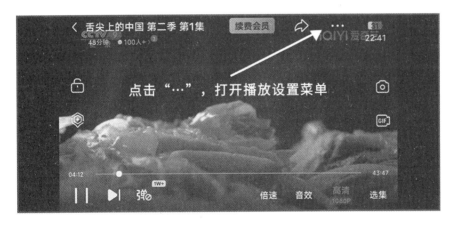

图 4-22　操作按钮

图 4-23　更多操作

【相关播放设置】在播放设置弹窗中,可以进行收藏视频、下载、设置跳过片头/片尾等相关实用操作,下面着重介绍几种常用的操作。

1. 投屏模式

点击"投屏"可以将当前播放的视频同步到智能电视、盒子、投影仪或电视果上。进行投屏操作前,需要保证大屏设备与手机处于同一个 Wi-Fi 网络中。

2. 小窗播放

点击"小窗播放",可以将视频放入悬浮窗中。这样,我们可以在观看视频的同时进行其他操作,如浏览网页、微信聊天等,如图 4-24 所示。

3. 定时关闭

点击"定时关闭",可以设置视频停止播放的剩余时间。我们可以在入睡前点开视频,设置好视频停止播放的剩余时间,用视频伴我们入眠。

如果家中有投影仪或是电视,我们就可以将手机上的视频投放到更大的屏幕上进行播放,以获得更好的观影体验。这一讲,我们将介绍视频播

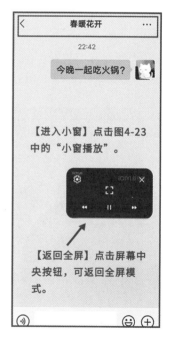

图 4-24　小窗播放

放中的一些实用操作与播放设置。

二、其他便捷操作

当然,爱奇艺还有其他便捷性操作,以下操作均在全屏模式下进行:

【单击】单指轻触屏幕一下,可以唤醒或取消显示菜单栏。

【双击】单指连续快速点击屏幕两下,可以快速进行播放/暂停操作。

【滑动】单指在屏幕上向某一方向做"滑"的动作。左滑是快退,右滑是快进;屏幕左侧上滑是增加亮度,下滑是降低亮度;屏幕右侧上滑是增大音量,下滑是降低音量。

【长按】单指按住可以进行倍速播放。

第五讲　爱奇艺的个性化功能

爱奇艺提供了多种个性化功能,如青少年模式、长辈模式和深色模式,皆在"我的"→"设置"中开启或关闭。

【青少年模式】开启青少年模式需要设置独立密码。在此模式下,平台会在首页精选一批教育类、知识类内容,且无法开启直播功能。除此之外,使用时间也会有所限制,单日使用时间不超过40分钟,晚上10点至早上6点无法使用爱奇艺。

【长辈模式】在此模式下,文字更大,使用更流畅,更便于老年人使用。

【深色模式】开启深色模式可获得更好的视觉体验,尤其是在弱光环境中。

第六讲　如何下载与登录 QQ 音乐

？ 随着时代的发展,磁带、CD 机和 MP3 等都已逐渐退出了历史的舞台,智能手机的功能日益丰富,已能替代它们给我们带来音乐盛宴,那么应该如何正确使用智能手机来听音乐呢?

这一讲,我们以 QQ 音乐为例,从下载开始,逐步认识 QQ 音乐,直到熟练使用此应用软件欣赏音乐作品。

一、下载与登录 QQ 音乐

参照第一章的介绍可完成 QQ 音乐的下载与安装过程。安装成功后,为保障用户的权益,在使用前需要同意"用户协议和隐私政策概要",如图 4-25 所示。

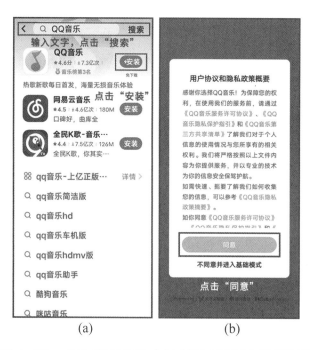

(a)　　　　　　(b)

图 4-25　QQ 音乐"用户协议和隐私政策概要"

点击"同意",会跳转到登录界面,如图 4-26 所示。

图 4-26　QQ 音乐登录界面

　　点击左上角的"取消",将会以访客模式登录,这种模式下有些功能会受限。我们可以通过微信或者 QQ 登录,勾选同意用户许可协议和隐私政策后再点击"微信登录"或者"QQ 登录",将分别跳转到微信(图 4-27)或 QQ 进行授权,点击"允许"即可完成登录,如图 4-27 所示。

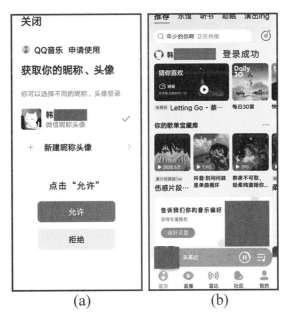

(a)　　　　　　　　　(b)

图 4-27　微信授权登录 QQ 音乐

二、修改个人资料

我们有两种途径修改个人资料：

第一种方式是轻触头像区域，直接点击"编辑资料"，或点击右上角"🔳"按钮，再点击"编辑资料"，如图4-28所示。

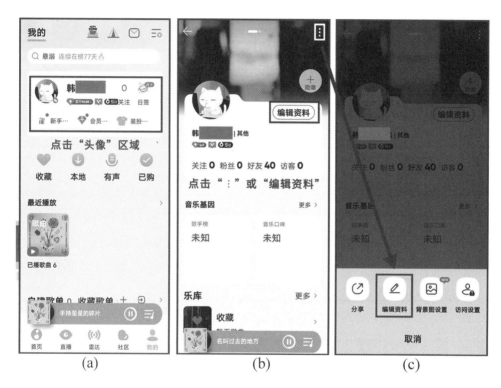

(a)　　　　　(b)　　　　　(c)

图4-28　修改个人资料

第二种方式是点击"我的"，再点击右上角"☰"按钮，打开更多菜单，如图4-29所示。

三、退出登录

我们可以通过点击"我的"，再点击右上角"☰"按钮，选择"退出登录/关闭"即可退出当前账号，如图4-30所示。

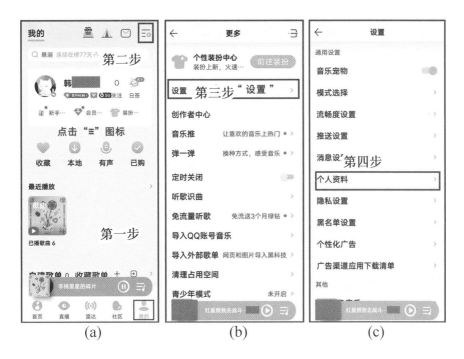

图 4-29　修改个人资料

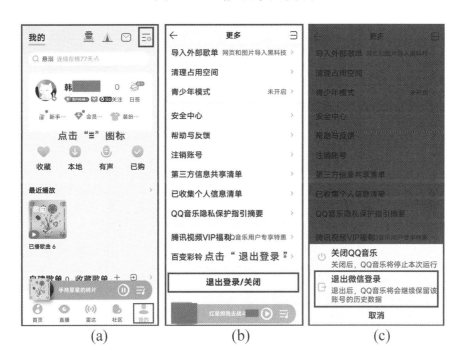

图 4-30　退出登录

第七讲　如何选择音乐

❓面对数量繁多的音乐作品,该如何挑选自己喜欢的音乐进行收听呢?

这一讲,我们将学习挑选音乐的几种途径。

一、偏好选歌

当我们打开 QQ 音乐的时候,平台会自动出现推荐界面,此界面的音乐是根据个人历史收听偏好推荐的,内容非常丰富,包括"猜你喜欢""每日 30 首""你的歌单补给站"等,如图 4-31 所示。

图 4-31　推荐歌曲

二、排行榜选歌

平台也提供了音乐排行榜,包含了热歌榜、新歌榜、飙升榜等榜单(图 4-32),都是根据众多听友的喜好而来的,我们可以从中选择歌曲。

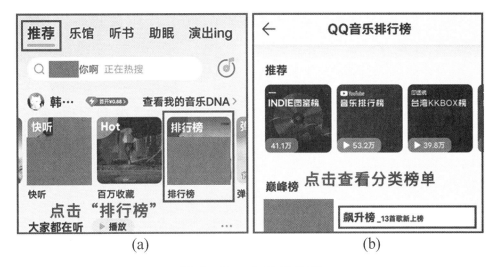

图 **4-32**　音乐排行榜

三、频道选歌

平台根据音乐的类型做了不同的频道,图 4-33 以国风频道为例,介绍如何根据频道进行选歌。

图 **4-33**　频道选歌

四、搜索选歌

如果知道歌曲的名称,也可以通过歌名搜索歌曲。点击界面最上方的搜索框,输入歌名,在搜索结果中点击歌曲名收听即可,如图 4-34 所示。

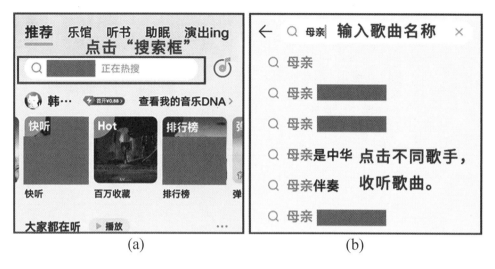

(a)   (b)

图 **4-34** 搜索歌曲

在搜索的时候,也可以根据歌手、排行或者热搜来进行选择,如图 4-35 所示。

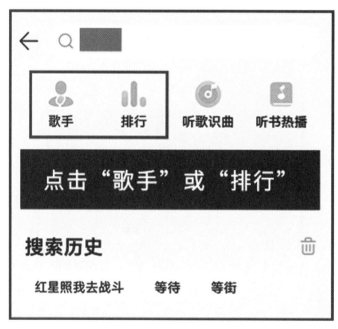

图 **4-35** 根据歌手、排行或者热搜选歌

五、听歌识曲

听到好听的旋律,如何获取歌曲名称? QQ 音乐提供了听歌识曲的功能。点击首页搜索框右侧的"音符"按钮,选择听歌识曲。首次使用时,要为该功能开启麦克风的使用权限。具体操作如图 4-36 所示。

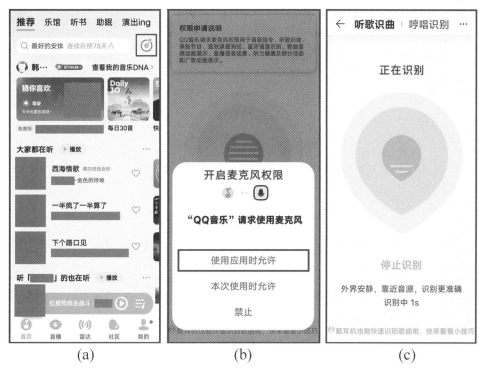

图 4-36　听歌识曲

第八讲　QQ 音乐的使用

一个音乐应用软件的操作体验是非常值得关注的,QQ 音乐的播放界面是否具备实用性和便捷性呢?

这一讲,我们就具体讲解 QQ 音乐的播放界面,如图 4-37 所示。

图 4-37　播放界面

（1）根据当前播放的歌曲和歌手推荐相似程度高的其他歌曲，也可以通过右滑屏幕实现；

（2）切换到当前播放歌曲界面；

（3）查看当前播放歌曲的歌词，也可以通过左滑屏幕实现；

（4）分享歌曲至朋友圈、微信好友等，也可以邀请好友一起听歌；

（5）收藏/取消收藏歌曲；

（6）不喜欢此歌曲；

（7）上麦唱歌；

（8）选择音效；

（9）下载歌曲，支持 SQ 无损品质、HQ 高品质、标准品质下载；

（10）评论歌曲，也可以跟歌友互动；

（11）更多操作，比如定时关闭、加到歌单、查看歌曲信息等；

（12）进度条，拖拽可以控制歌曲播放进度；

（13）播放/暂停；

（14）上一首歌曲；

（15）下一首歌曲；

（16）循环模式，支持顺序播放、单曲循环、随机播放；

（17）当前播放列表。

第九讲　扩展功能

　QQ 音乐除了听歌，还有其他功能吗？

这一讲，我们就具体讲解 QQ 音乐除了听歌之外的其他功能，以便更好地利用这个软件。

一、听书

QQ 音乐提供了听书的功能，我们在首页的最上方点击"听书"就可以进入该功能界面，里面覆盖了很多当下热门的书籍，我们根据自己的需求找到心仪的书后就可以选集播放，具体操作如图 4-38 所示。

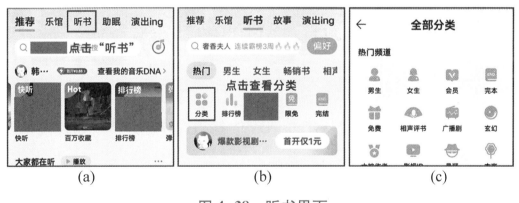

(a)　　　　　(b)　　　　　(c)

图 4-38　听书界面

二、听故事

与听书一样，QQ 音乐还提供了听故事的功能，具体操作如图 4-39 所示。

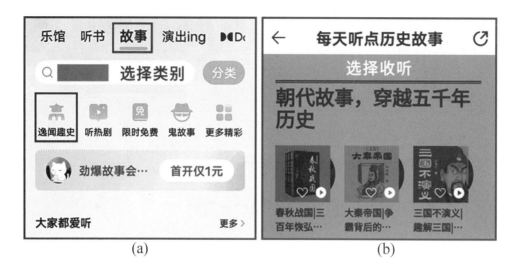

(a)   (b)

图 4-39　听故事界面

第十讲　喜马拉雅听书

❓ 小说看得眼睛好累,有什么听书应用软件?热门书籍、有趣的相声等去哪里找?

这一讲,我们就以喜马拉雅为例,讲解听书软件的使用。而听书应用软件除了我们本讲详细介绍的喜马拉雅外,还有"微信听书""懒人听书"等,大家可以根据自己的使用习惯进行选择。因为安卓系统的权限设置,无法对登录界面进行截图操作,本章部分内容采用iPhone X 进行演示讲解。

一、登录注册与基础信息

喜马拉雅提供海量音频资源,能够实现听书、听课、听播客。完成下载安装后,通过"本机号码一键登录"或者选择"其他登录方式"进入登录界面。可以选择手机号码登录并自动创建账号,也可以选择通过微信、QQ、微博等应用软件关联账号直接登录并创建账号。

如图 4-40 所示。

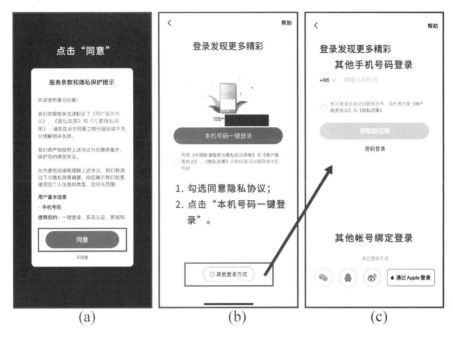

(a)　　　　　　　　(b)　　　　　　　　(c)

图 4-40　喜马拉雅的注册与登录

依次点击首页,可以根据主题选择自己喜欢的兴趣方向(图 4-41),以帮助喜马拉雅更好地根据个人喜好推荐好书。

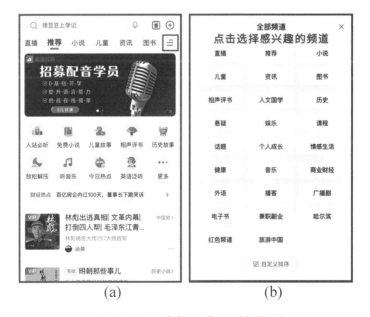

(a)　　　　　　　　(b)

图 4-41　选择兴趣开始收听

依次点击"我的"→"头像"→"编辑资料"可编辑基本信息。在基本信息中还可以根据界面下方的 QQ 和微信选择同步个人信息，如图 4-42 所示。

(a)　　　　　　　　(b)　　　　　　　　(c)

图 4-42　完善个人资料

二、开始收听

当前如果有正在播放或暂停播放的音频,可以在任何界面点击界面下方中间的 CD 图标,即可进入当前音频的详情界面。

在搜索栏中输入作品名称或关键字,可以查找相应的音频。点击右上角的"+"按钮,找到"切换模式",可以将软件切换至"长辈模式"。长辈模式下字体更大,界面分布也更清晰,如图 4-43 所示。

(a)   (b)

图 4-43　首页搜索和大字模式切换

将软件切换至长辈模式。在"历史"中保存了收听过的音频列表以及播放的历史记录,点击音频可以从上次停止的位置开始续听;在"订阅"中,可以快速查看收藏并订阅过的作品;在"下载"中,可以查看下载到本地的音频文件,在没有数据网络或手机流量不足时,也可以离线收听该音频。界面中的主题专区可以根据您的喜好选择进入。以"限免专区"为例,点击进入,可以看见所有音频资源,这些资源在没有购买会员的情况下,也可以免费收听。

将软件再次切换至标准模式。点击下方"排行榜"主题,会根据"热播榜"和"新品榜"进行排序,让听众可以找到自己喜欢的作品,如图 4-44 所示。

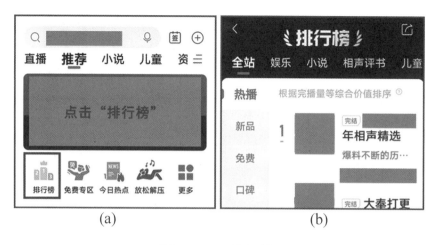

(a)   (b)

图 4-44   排行榜

点击选定的音频就可以进入详情页,如图 4-45 所示。界面中会有关于专辑的剧集介绍,如专辑共 800 集、是否需要购买 VIP 等信息。

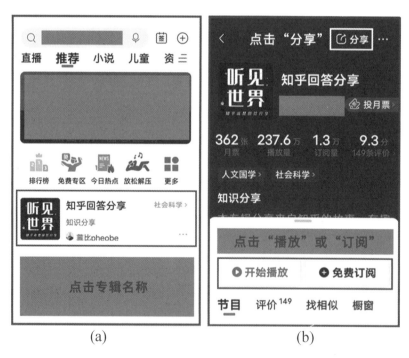

(a)   (b)

图 4-45   声音详情界面

点击"开始播放",可以从头播放,或从历史播放停止处续播专辑中的音频。点击"订阅",可以收藏感兴趣的专辑,订阅后的专辑可以在"我的"界面中轻松找到。点击屏幕右上角的"分享"按钮,可以将专辑或音频分享给好友或发布到朋友圈。点击"…"可以对当前播放状态进行设置,如定时关闭等。如果希望在没有网络的情况下播放或者节省流量,可以在 Wi-Fi 环境下点击"下载",方便随时打开收听。下载的记录可以在"我的"界面中查看。

点击喜欢的一集即可进入播放界面,可在这里对播放进行设置,如图 4-46 所示。右上角的按钮依然是分享,可以将本集声音分享给微信好友等。

图 4-46　声音播放设置调整

三、喜马拉雅课程收听

在主界面下方菜单栏点击"课程",会有海量的课程资源。点击"全部",可查看所有的课程音频,点击感兴趣的课程即可收听,如图 4-47 所示。

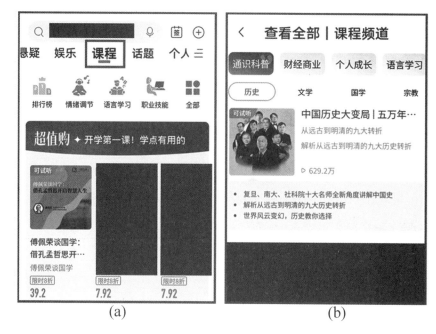

(a)　　　　　　　　　(b)

图 4-47　课程收听

四、喜马拉雅广播收听

在首页"推荐"标签下,点击"更多",可以找到地方电台收听广播,如图 4-48 所示。

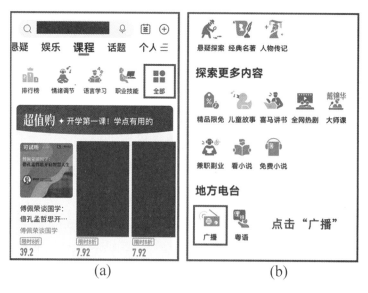

(a)　　　　　　　　　(b)

图 4-48　广播收听

五、更多功能

如图 4-49 所示,左右滑动搜索栏下方的分类菜单,可以查看丰富的主题分类。下方"推荐主题"会根据听书的内容进行个性化推荐;"本周热门"会按照热度排序为听众推荐优质资源。

图 4-49　推荐主题

第五章　手机摄影与视频制作

第一讲　如何使用相机功能

? 我们应该如何利用手机拍摄照片与视频记录日常生活呢？

这一讲,我们将通过介绍如何使用手机原相机、照相软件、修图软件以及视频剪辑软件,帮助大家更好、更便捷地使用手机记录生活。

一、手机原相机

如今手机拍摄技术已经十分普及,手机携带轻便,修图、分享也很方便,高端智能手机的像素已经达到 1.08 亿,而普通的智能手机一般也有 1 000 多万像素,用来拍摄记录身边发生的事情、欣赏到的景色绰绰有余。那么,如何才能运用手机自带的功能拍出精彩的照片呢? 先让我们了解一下手机相机的基本操作。

1. 摄像头焦距调节

市面上大多数手机的摄像头焦距为 26~35 毫米,可通过两个手指在触摸屏上向相反方向同时移动来调节焦距,从而实现放大、缩小拍摄画面的操作,如图 5-1 所示。

2. 调节对焦

拍摄好一张照片必备的条件就是对焦准确,只有对焦准确,拍摄主体才能清晰。目前大部分智能手机都具备自动对焦功能,但不可避免地在拍摄时会出现失焦的情况。在拍摄时,手指点击屏幕上的拍摄主体,就能实现精准对焦,如图 5-2 所示。

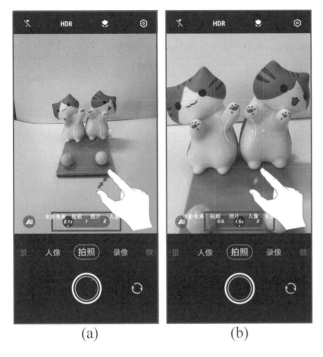

<table>
<tr><td>(a)</td><td>(b)</td></tr>
</table>

图 5-1　焦距调节对画面的影响　　图 5-2　对焦示意图

3. 调节曝光

　　只有曝光正常,照片才能呈现出良好的色泽。曝光可以在拍摄时调节,也可以后期通过修图进行调节。拍摄时间充裕的话,可以在拍摄时直接进行操作。具体操作方法是:在对焦框已经准确对焦的情况下,手指上移是增加曝光,手指下移则是减少曝光。调节曝光成图效果差别如图 5-3 所示。

4. 拍摄辅助功能

　　每种智能手机的拍摄辅助功能都会有所区别,有专业性需要的可以针对各自的手机拍摄功能进行探索。下面以苹果手机为例简单介绍手机拍摄的辅助功能。苹果手机具有延时摄影、慢动作、开启闪光灯模式、开启夜间模式、倒计时拍摄、全景拍摄等辅助功能。

5. 取景

　　所谓取景就是确定好需要拍摄的画面。拍前需要观察整个场景的光线、元素构成、色彩构成等,思考怎样布局拍摄出来的画面会更美观。

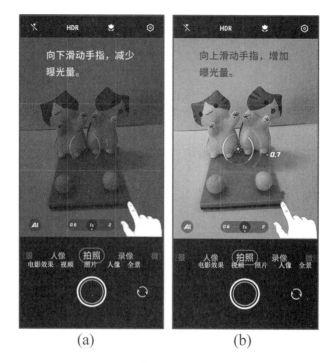

(a)   (b)

图 5-3   调节曝光成图效果差别

6. 构图

构图时需要确定好拍摄主体,再通过加减法把需要的元素加进来,把不需要的元素去除掉。拍摄时还可以参考三分法构图、对角线构图、黄金螺旋构图、对称式构图、前景构图、中心构图等基本构图方法。其中三分法构图是最基础也最容易把握的构图方法,其操作方法非常简单:先在"设置"→"照片与相机"→"网格"中设置拍摄框内的九宫格,将想要拍摄的内容放在九宫格的黄金分割线或者交叉点的 4 个黄金分割点上。具体操作可参考图 5-4。

7. 光线

光线是摄影的灵魂,善于运用光线进行拍照,会为照片增色不少。

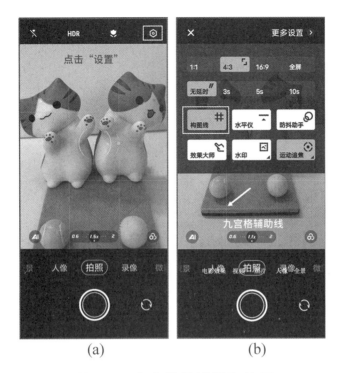

(a)   (b)

图 5-4　九宫格的设置和使用

第二讲　修图应用软件介绍

目前主流的修图应用软件有美图秀秀、VSCO 等,下载对应手机应用软件后即可用手机对拍摄的图片进行后期操作。

一、美图秀秀

美图秀秀已有十几年的历史,全球累计用户超过 10 亿,在影像类应用软件排名中一直保持领先优势,拥有编辑图片、加边框、加贴纸、加文字、打马赛克、拼图等基础功能,也拥有一键美颜、自然美妆、瘦脸瘦身、面部重塑等个性化功能。

使用方法:打开美图秀秀后,主界面显示有美化图片、相机、人像美容、拼图、视频剪辑、视频美容等功能按钮,如图 5-5 所示,只要点击所需功能按钮即可进入相应编辑界面。

121

图 5-5　美图秀秀主界面

调节参数:点击"美化图片"→"调色"按钮,通过对照片亮度、对比度、曝光、高光、饱和度、色温、色调、清晰度等参数进行调节,使照片看上去更有高级感。具体操作可参考图 5-6。

(a)　　　　　　　　(b)

图 5-6　美图秀秀参数调整示例

122

套用滤镜:点击"美化图片"→"滤镜"按钮,比选出合适的滤镜即可保存并导出照片,一键修图非常方便。具体操作可参考图5-7。

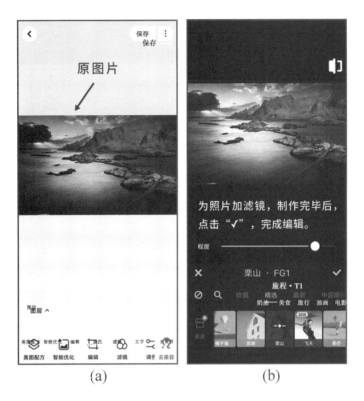

(a)　　　　　　　　　(b)

图5-7　美图秀秀滤镜套用示例

瘦脸瘦身:点击"人像美容"→"瘦脸瘦身",即可通过手指移动操作瘦脸瘦身功能。具体操作可参考图5-8。

一键美颜:点击"人像美容"→"一键美颜",即可选择适合自己的美颜方案。具体操作可参考图5-9。

美妆功能:点击"人像美容"→"美妆",即可选择五官的各种不同妆容,定制个性化妆面,实现素颜到精致妆容的转变。具体操作可参考图5-10。

图 5-8 美图秀秀瘦脸瘦身示例

图 5-9 美图秀秀一键美颜示例

124

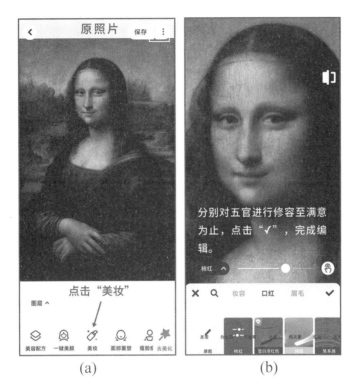

图 5-10　美图秀秀美妆示例

二、VSCO

VSCO 是时下比较流行的修图应用软件,其中包含了数量众多的胶片滤镜、照片基础调整工具等,在众多修图应用软件中较易上手,新手也能轻松拍出高质量大片。

使用方法:打开 VSCO 后,需要先进行注册,再进入工作室界面,如图5-11 所示。点击上方⊕按钮即可导入照片进行编辑。

套用滤镜:点击进入需要修改的照片,然后点击左下角"编辑"按钮,选择合适的滤镜,即可保存并导出。具体操作可参考图 5-12。

图 5-11　VSCO 工作室界面图

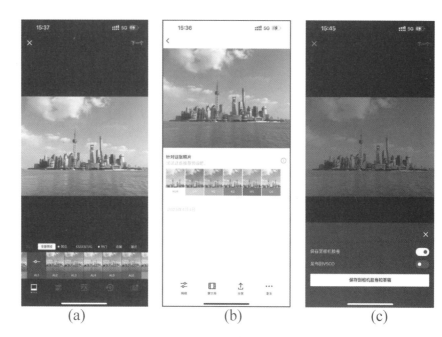

(a)　　　　　　　　(b)　　　　　　　　(c)

图 5-12　VSCO 滤镜套用示例

基础调整：VSCO 同样也具备基础参数调整的功能，可以调整曝光、对比度、清晰度、饱和度、色调、白平衡等，功能齐全，操作也相对便捷。具体功能展示如图 5-13 所示。

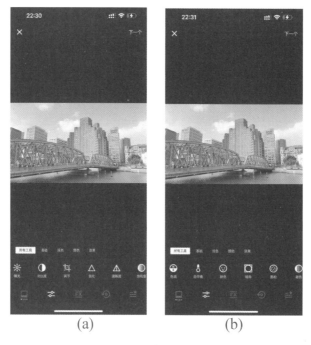

(a)　　　　　　　　(b)

图 5-13　VSCO 参数调整功能示例

第三讲　视频剪辑应用软件介绍

一、剪映

剪映是一款功能齐全且操作简便的视频剪辑应用软件,带有全面的剪辑功能,支持变速,具有多样的滤镜和丰富的曲库资源。

使用方法:打开剪映后,需要先注册。注册后会看到如图5-14所示主界面,点击上方"+开始创作"按钮即可导入相册中的视频进行剪辑。

视频剪辑:导入多段视频自动生成一个长视频后,可拖动每段视频的前后段进度条进行长度的调整。具体操作可参考图5-15。

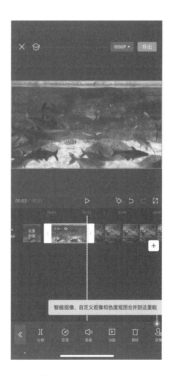

图 5-14　剪映主界面　　　　图 5-15　剪映视频长度调整操作图

变速调节:点击"剪辑"→"变速",即可选择相应的倍速调整视频播放速度。具体操作可参考图 5-16。

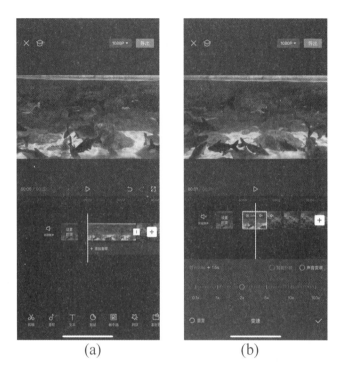

(a)   (b)

图 5-16   剪映视频变速调节操作图

添加滤镜:下方菜单栏左滑,点击"滤镜",即可选择合适的滤镜,可分段选择不同的滤镜。具体操作可参考图 5-17。

添加背景音乐:点击"音频",可选择"关闭原声";点击"音乐",即可进入音乐库搜索需要的背景音乐,选定后点击"使用"。具体操作可参考图 5-18。

保存视频:点击右上角选项,可选择视频分辨率、帧率、是否智能 HDR,如需清晰画质,建议选择最高分辨率、最高帧率、智能 HDR。选择好之后点击"导出",即可保存视频。具体操作可参考图 5-19。

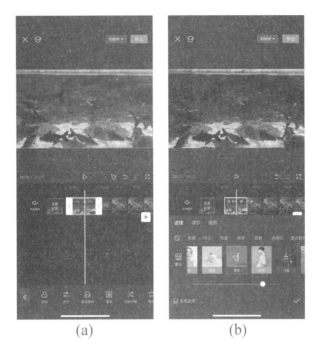

图 5-17 剪映添加滤镜操作图

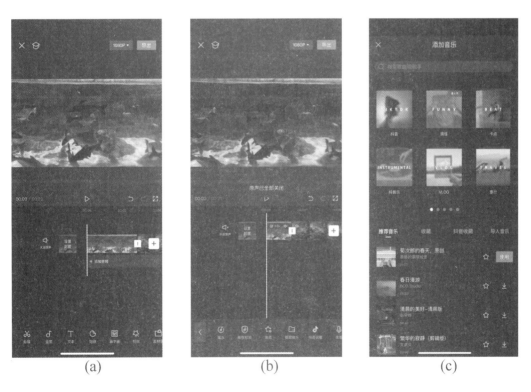

图 5-18 剪映添加背景音乐操作图

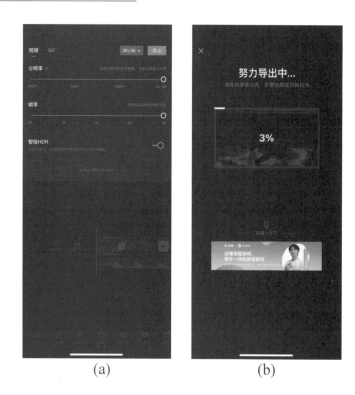

(a)   (b)

图 5-19   剪映视频导出操作图

第六章　新闻资讯与热点

第一讲　热门新闻资讯类应用的选择

❓ 我们如何选择适合自己的新闻资讯类应用呢?

这一讲,我们向大家介绍几种主要的热门资讯类应用,以便大家通过合适的渠道获得想要的新闻资讯。

现在应用市场上的新闻资讯类应用主要分为以下几种:

一、综合门户

综合门户类的应用一般拥有多个版块,如科技、财经、娱乐、体育等,全天候地搜集来自不同媒体的各类新闻。通常情况下,这类应用的资讯新鲜全面,既有国家大事,又有身边小事,能够帮助我们快速了解各类大小新闻。现在比较热门的综合门户类应用有腾讯新闻(图 6-1)、新浪新闻(图 6-2)、今日头条(图 6-3)等。

图 6-1　腾讯新闻　　　图 6-2　新浪新闻　　　图 6-3　今日头条

二、电子报刊

随着数字化时代的来临,传统的纸质报刊逐渐淡出我们的生活,报刊版面被搬上网络,以一种新的形式来到我们面前。想要了解国内外大事的朋友,一款权威的、有品质的、值得信任的电子报刊无疑是种不错的选择,例如人民日报(图6-4)、中国青年报(图6-5)、环球时报(图6-6)等。

图 6-4 人民日报　　　图 6-5 中国青年报　　　图 6-6 环球时报

三、互动交友

互联网时代,人们渐渐不再满足于单纯地从别处获取新闻,与网友们分享自己身边的奇事、趣事、新鲜事成为一种新的风尚,各种包含互动交友功能的新闻资讯类应用也就应运而生了。这些应用不仅能看新闻、发新闻,还能与其他用户一起讨论、交流,拥有更强的互动体验感和趣味性。这类应用中比较主流的有新浪微博(图6-7)、快手(图6-8)、抖音(图6-9)等。

图 6-7 新浪微博　　　图 6-8 快手　　　图 6-9 抖音

第二讲　腾讯新闻的使用

？综合类新闻门户网站的资讯非常丰富,那么如何快速获取我们感兴趣的内容呢?

这一讲,我们以腾讯新闻为例,介绍如何使用综合类的新闻门户网站。

一、腾讯新闻的安装与登录

在应用商店下载并安装腾讯新闻。点击手机桌面上的应用图标,首次使用软件,会首先看到"软件许可协议及隐私政策提示",点击"同意",即可进入腾讯新闻的主页,如图 6-10 所示。

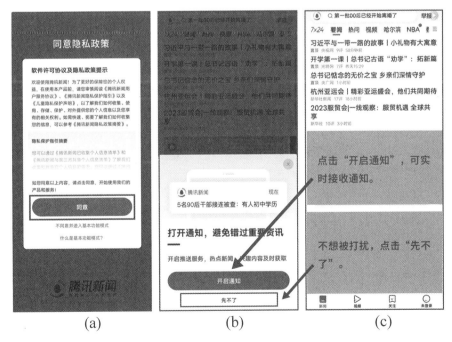

(a)　　　　　　(b)　　　　　　(c)

图 6-10　软件许可协议及隐私政策提示页和应用主页

如图 6-11 所示,初次使用,我们都是未登录的状态,点击右下角的"未登录",进入界面。勾选"同意隐私条款和软件许可协议",选择"微信"图标,应用会自动获取手机上的微信账户信息,此时选择"允许",就可以完成登录的操作了。登录完成后,右下角的"未登录"就会变成"我的"。

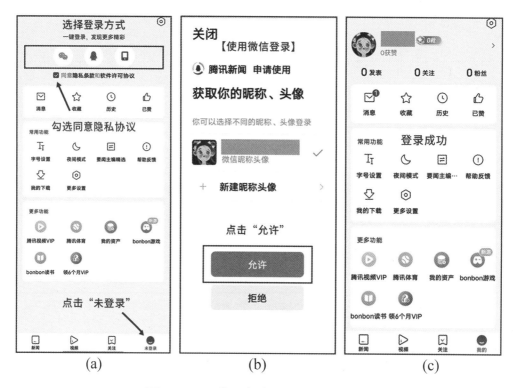

图 6-11　腾讯新闻登录操作步骤

二、腾讯新闻的个人设置

在"我的"界面中间,可以看到"常用功能"中,有字号设置、夜间模式等。点击"更多设置",上下滑动界面,会发现里面包含了账号绑定、外观设置、播放管理、隐私协议、法律法规等。滑动到界面底部,会发现"注销账号"和"退出登录"选项,如图 6-12 所示,按照个人使用习惯和需要进行设置即可。

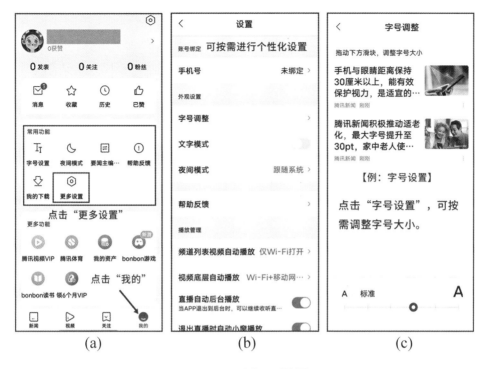

图 6-12　更多设置界面

三、使用腾讯新闻

1. 浏览新闻

点击界面底部"新闻"按钮,进入腾讯新闻主界面。上下滑动浏览界面内容,点击感兴趣的文字或图片即可查看详细内容。点击右上角耳机∩按钮,还可以听新闻。

腾讯新闻主界面默认停留在"要闻"频道,左右滑动,可以选择其他频道,如"热榜""国际""娱乐"等,如图 6-13 所示。

2. 调整新闻频道

点击"新闻"界面右上角的"≡"按钮,进入"全部频道"界面。可以看到界面最上方"我的频道"右侧有"编辑"按钮。点击该按钮,会看到"我的频道"中的各个频道右上角都出现了"×"按钮,此时点击不感兴趣的频道就可以将其删除。

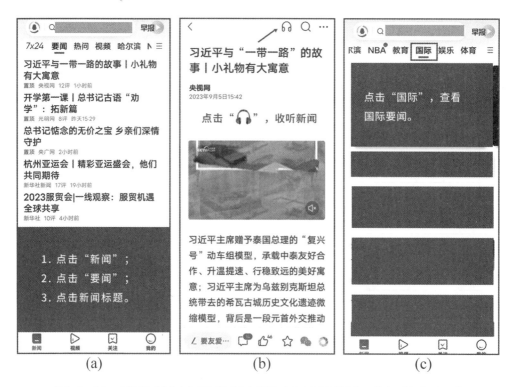

(a)　　　　　　(b)　　　　　　(c)

图 6-13　腾讯新闻主页选择新闻、看新闻详情、选择其他频道

下滑界面,在"热门频道"里,点击喜欢的频道,就可以把它加入"我的频道"中。如果在上一步不小心删错了频道,也可以在这里把它加回来。

最后,点击"我的频道"右侧的"完成"按钮,新闻频道的调整就结束了,如图 6-14 所示。

3.新闻的查看、评论和分享

点击"新闻",进入详细界面,点击 按钮,即可查看网友对该条新闻的全部评论。

点击左下角输入框 ，输入评论内容,点击"发布"即可。

如果想把这条新闻分享给朋友,可以选择右下角的微信 或者朋友圈 按钮;也可以点击新闻右上角…按钮,会看到更多的分享渠道,如图 6-15 所示。

136

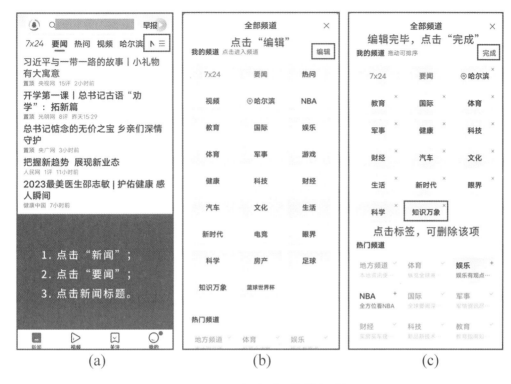

图 6-14　新闻频道的调整

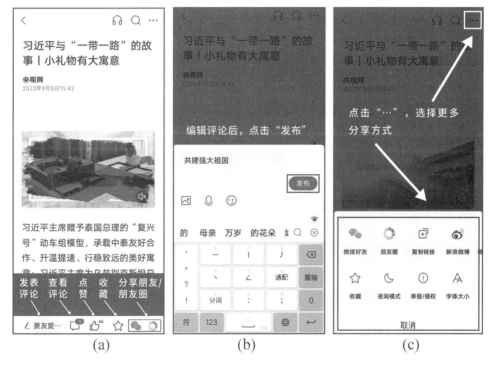

图 6-15　新闻的查看、评论和分享

4. 观看视频

点击"视频"按钮进入界面,上下滑动切换内容。如果遇到感兴趣的作者,可以点击界面右侧头像添加关注。也可以单独对某个视频内容进行点赞、评论、收藏、分享。关注和分享的内容会出现在"我的"界面,如图 6-16 所示。

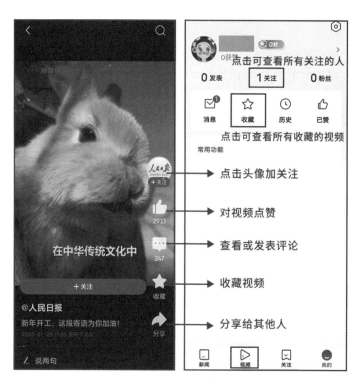

图 6-16 "视频"界面的使用

5. 关注功能

除了可以在"我的"界面中看到关注的内容外,腾讯新闻还有单独的"关注"界面。点击界面底部的"关注"进入即可。在这里可以看到之前关注的作者发布的内容。如果没有关注的作者,该界面会推荐热门内容供您选择。点击蓝色"+关注"按钮添加即可。

在"关注"界面,也可以发布自己身边的新闻。点击界面右上方的"发布"按钮,就可以编辑文字,添加手机里的图片或视频了,编辑完成后,再次点击"发布"即可,如图 6-17 所示。

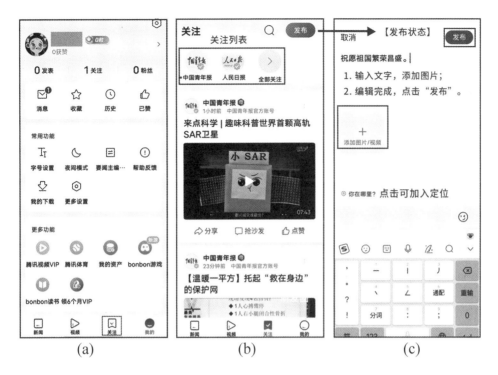

(a)　　　　　　　(b)　　　　　　　(c)

图 6-17　"关注"界面的使用

第三讲　电子报刊的使用

❓ 喜欢阅读传统报刊的朋友,应该如何使用电子报刊呢?

这一讲,我们以人民日报为例,讲述如何从电子报刊中获取新闻资讯。

一、下载、安装并打开人民日报

下载及安装的步骤,可以参照上一讲的方法进行,这里不再赘述,如图 6-18 所示。

图 6-18　搜索人民日报并安装

点击手机桌面上的"人民日报"图标,首次使用软件,会先看到"个人隐私保护指引",点击"同意";然后会进入软件的欢迎界面,点击界面下方的"开启 7.0 全新体验"(图 6-19);最后进入开启位置权限界面,选择是否允许获取您的位置信息(图 6-20),"仅使用期间允许"可以帮助我们获得感兴趣的资讯内容以及定位城市的热点事件,选择"禁止"也不影响应用的正常使用。在完成以上操作之后,就正式进入人民日报的主页了。今后再打开人民日报软件不必重复以上步骤,会直接进入主页。

二、阅读电子报刊

点击主页左上角"人民日报"图标,就可以浏览当天的新闻了,如图 6-21 所示。

受手机屏幕大小的限制,报纸的图片和文字整体较小,点击感兴趣的版块,就能阅读详细内容了。新闻详情页的右上角还有"AI 读报"的功能,走路或做家务的过程中可以轻松收听新闻,如图 6-22 所示。

一份报纸通常有多页,可以通过上下滑动来翻页,也可以点击界面下方中间的按钮,选择想看的页码,如图 6-23 所示。

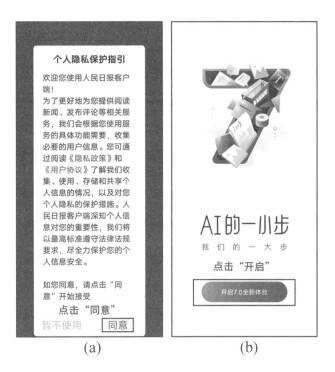

图 6-19　个人隐私保护指引、欢迎界面

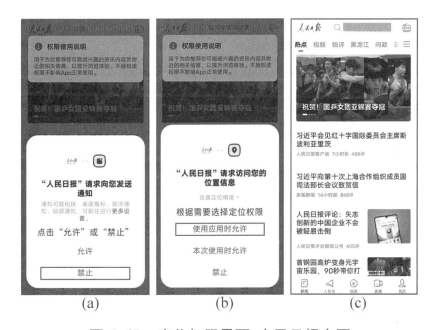

图 6-20　定位权限界面、人民日报主页

图 6-21 浏览报纸入口

(a) (b)

图 6-22 报纸版面及板块对应的详细内容

如果想快速掌握一份报纸的主要内容,我们还可以通过界面右下方的按钮快速浏览报纸的内容提要,点击文字,同样能进入详细内容界面。

图 6-23　页码按钮、快速浏览、日期栏

　　那么,除了当天的报纸外,如何翻阅之前的报纸呢？点击界面上方中间的日期栏,在打开的日历中选择一个日期,就可阅读这一天的报纸内容了。

三、综合化功能延伸

　　随着时代的发展,传统报业不再满足于单一的报刊模式,正向着新闻综合门户的方向进行转型升级。我们不难发现,人民日报的主页与腾讯新闻有很多相似之处,操作方法也基本一致,这里不再赘述。

第四讲 互动类资讯应用的使用

❓ 我们常听到的微博热搜到底是怎么回事呢？怎样才能快速获取当下热议的话题？

这一讲，我们以（新浪）微博为例，讲讲如何快速知道热点消息，找到感兴趣的话题圈。

一、下载安装及打开应用

本书的第二章详细介绍过微博的下载、安装及注册/登录的操作步骤，这一讲我们重点介绍如何使用新浪微博获取热点资讯，以及如何与微博好友进行互动。

我们可以依据前文内容，下载新浪微博应用软件。下载完成后打开软件，完成注册，进入主界面。

二、微博各项功能的使用

1. 关注与推荐

主页的上方有两个按钮，分别是"关注"和"推荐"。第一次使用微博时，这两个界面会推荐一些账号，我们选择感兴趣的内容，点击右方"+关注"，下次就可以在"关注"里找到它们了。

"关注"界面显示的是我们已经添加关注的账户发布的内容。"推荐"界面会持续给我们推荐一些新的账户，按照不同的类型，又细分为热门、同城、榜单、明星等小板块，点击板块名称就可以看到相关内容了，如图 6-24 所示。

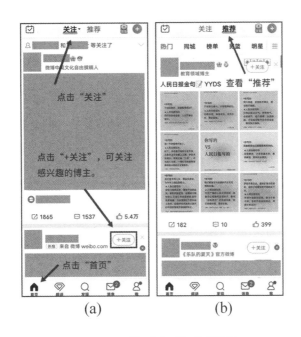

图 6-24　关注与推荐界面

2. 超话

用户在自己喜欢的超话中可以阅读到各种精选内容,也可以找到兴趣相投的朋友,与其一起讨论有趣的事情,无论是追星还是寻找各种生活技巧,在这里都能找到有共同话题的朋友。

超话分为"看帖"和"广场"两个界面。"看帖"界面展示话题内容,"广场"界面则按类型罗列各种话题。

点击界面底部第二个按钮,打开"超话",默认进入"看帖"界面,如图 6-25 所示。首次打开,界面会推送一些社区分类来了解我们的喜好,如果有感兴趣的内容,可以点击该帖子查看详情,也可以点击"+关注"关注该博主;如果对该帖子不感兴趣,可以点击帖子右上角的"×"符号,系统将会减少此超话的推荐。

在"看帖"界面,可以寻找感兴趣的话题加入讨论;也可以在"广场"中,选择感兴趣的话题类别,再从该类别中选择感兴趣的内容或博主予以关注。

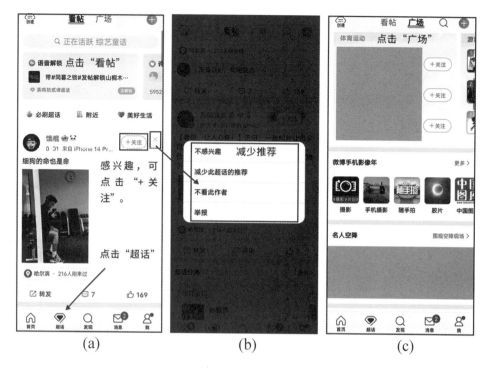

(a)　　　　　　　(b)　　　　　　　(c)

图 6-25　超话的"看帖"与"广场"

下面对其余部分功能做简单的说明。

"发现"汇集了当下各种热门话题、视频和人物,是个迅速掌握网络热点的好去处,如图 6-26 所示。

"我的"包含了个人资料的全部信息,如图 6-27 所示。在该页面上,可以通过点击不同按钮来查看个人发布的微博、关注的对象以及自己的粉丝。

【我的相册】可以查看自己点赞过或发布过的微博中的所有图片。

【赞/收藏】可以浏览自己点赞或收藏过的全部微博内容。

【浏览记录】汇总了自己浏览微博的历史记录。

【草稿箱】保存了取消发送或发送失败的微博,可以将其删除或重新发送。

【个人信息设置】点击头像,可以对个人信息进行编辑。比如更换头像、修改昵称、编辑个性签名等,具体步骤可以参考第二章。

图 6-26　"发现"界面

图 6-27　"我"界面

第七章　手机安全与数据备份

第一讲　手机内存管理

？ 有时候我们觉得手机越用越卡，这是什么原因呢？

当手机运行久了，有时候系统会变得卡顿。这一讲我们讲解如何清理手机内存，使得手机运行变回流畅。

一、关闭运行中的程序

程序运行会占用手机内存，对于暂时不用的程序，我们可以将其关闭，如图 7-1 所示。

单指按住屏幕底部向上推动，会显示当前在后台运行的所有程序。找到想要关闭的程序，按住该程序页面，向上推动将其滑出屏幕，即可关闭该程序。若想关闭当前后台运行的所有程序，可点击屏幕下方的"×"按钮。

二、手机管家清理加速

安卓系统的手机在预装系统时，会自带"手机管家"应用软件，打开该软件，如图 7-2 所示。点击"空间清理"，在跳转的页面上，既可以选择便捷的一键清理，又可以向下滑动页面，找到所需要的清理项进行专项清理。同理，我们也可以利用手机管家软件进行手机安全漏洞检测、流量管理等。

不同品牌的手机,软件和选项名称可能略有不同,但基本功能类似。

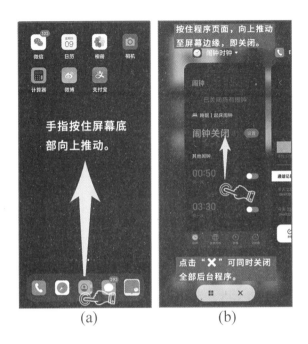

图 7-1 关闭运行中的程序

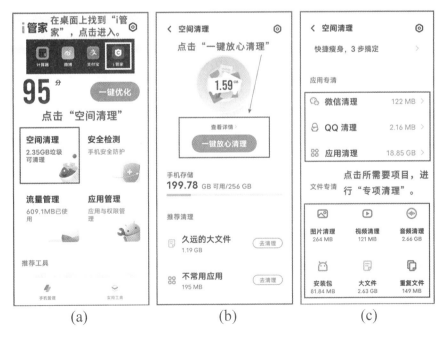

图 7-2 手机管家清理加速

三、第三方软件清理加速

我们也可以在应用商店中下载其他手机管家软件来管理手机，如图 7-3 所示。打开"应用商店"，搜索"手机管家"，在列表中选择安全好用的软件即可。这里推荐使用"360 手机卫士"或"腾讯手机管家"，择其一即可，使用方式可参照本讲第一小节。

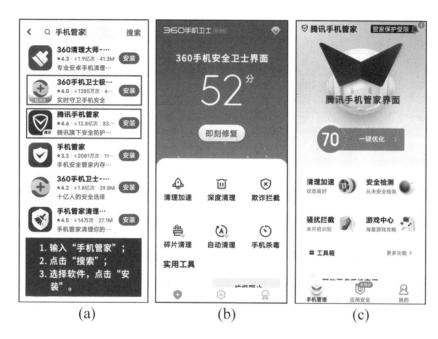

图 7-3　360 手机卫士清理加速

第二讲　手机病毒查杀

❓ 互联网是开放的，我们日常要怎样做到安全使用手机呢？

这一讲我们主要讲解如何定期查杀病毒，使得手机始终处于安全的环境，防止被黑客攻击被盗取数据而造成严重的损失。

一、手机管家病毒查杀

打开"手机管家"应用软件,如图7-4所示。点击"安全检测"按钮,手机会自动对系统进行安全扫描。扫描完毕后,如果提示此手机处于"安全"状态,我们便可放心使用。如果提示手机存在安全漏洞,我们只需按手机提示,进行病毒查杀即可。

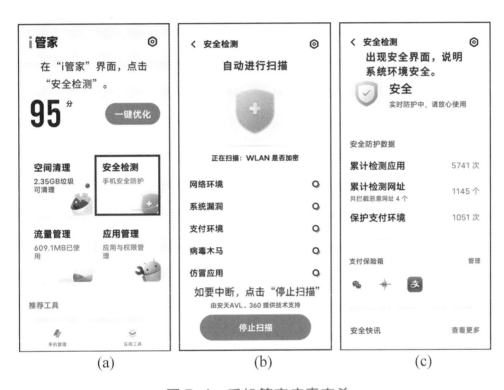

图 7-4　手机管家病毒查杀

系统也会自动查杀病毒,有风险将及时提示。如果在使用手机时系统提示有病毒,我们就需要及时清理。当然,源头还是要靠我们自己切断,切勿点击来路不明的链接、下载风险较大的应用软件。

二、第三方软件病毒查杀

类似地,我们也可以选用第三方应用软件,对手机进行安全管理。这里我们以360安全卫士为例进行讲解,如图7-5所示。

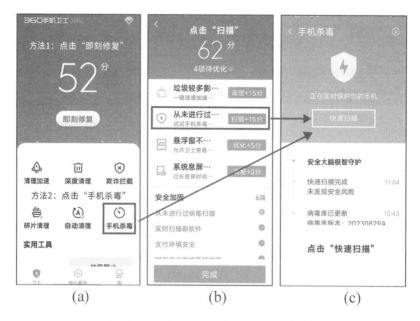

图 7-5　360 手机卫士病毒查杀

【方法一】打开软件,选择"即刻修复";手机跳转至全面优化界面,点击"扫描",即跳转至手机扫描界面;点击"快速扫描",即可对手机进行全面的安全检查。

【方法二】在软件首页,点击"手机杀毒",可直接跳转至全面扫描界面。

除安全防护外,在即刻修复界面,我们也可以按需选择不同的系统优化项,全面修复手机系统性能,改善用户使用体验。

第三讲　骚扰智能拦截

（?）频繁接到莫名的骚扰电话,收到各种广告短信,给我们的生活带来了极大的干扰,有什么拦截办法?

骚扰电话及垃圾短信不仅会打扰我们的生活,有时还会给手机信息及我们的财产安全带来隐患。这一讲我们主要讲解如何拦截骚扰电话和广告短信,还生活一片清静。

一、手机管家骚扰拦截

打开"i 管家"应用软件,在"实用工具"界面,点击"骚扰拦截"按钮,即可查看安全软件智能拦截下来的电话和信息,如图 7-6 所示。

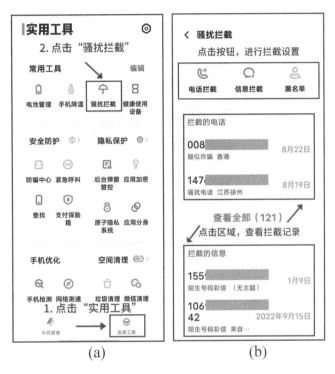

图 7-6　手机管家骚扰拦截

如果某条短信是误拦截,可以点击该条短信,选择恢复,也可以将发送号码加到白名单,这样下一次系统就不会拦截该号码发送的短信,如图 7-7 所示。我们也可以根据自身情况对拦截规则和黑白名单进行设置,如图 7-8 至图 7-10 所示。如果某条短信被误拦截,可以长按该短信,点击"恢复",即可将该条信息转移至短信收件箱中,如图 7-7 所示。如果不需要系统自动拦截该手机号码发来的信息或打来的电话时,我们也可以分别对电话或短信拦截规则进行设置,如图 7-8、图 7-9 所示。

另外,若系统未能智能过滤某恶意号码,或是我们想要拒绝某联系人,我们也可以手动将该号码添加至黑名单中,如图 7-10 所示。

相反,我们也可在黑名单中找到该号码,点击"删除",从而将该号码移出黑名单。

图 7-7 恢复信息和添加白名单

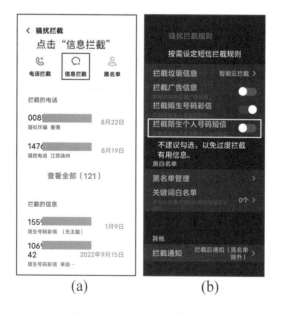

图 7-8 短信拦截设置

图 7-9　电话拦截设置

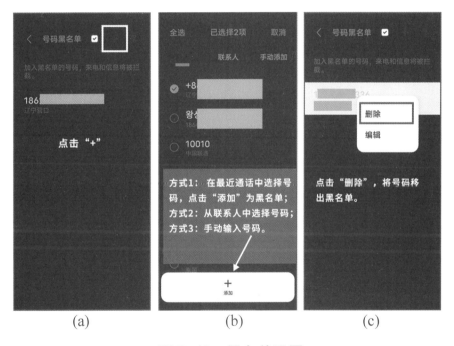

(a)　　　　　　　(b)　　　　　　　(c)

图 7-10　黑名单设置

二、第三方软件骚扰拦截

其他应用软件(如 360 手机卫士)也带有骚扰拦截功能,我们可以将其用于骚扰拦截,如图 7-11 所示。

(a)　　　　　　(b)　　　　　　(c)

图 7-11　360 手机卫士骚扰拦截

第四讲　手机数据的备份

❓ 我有好多旅游的照片,怎样才能给它们备份? 我想换手机,怎样才能把我的手机数据都保存下来呢?

　　手机是一种消耗式的电子产品,短则 1 年,长则 5 年,就需要进行更换,我们可以通过备份将旧手机的内容快速转移至新手机。同时,手机内存是有限的,也需要我们定期对数据进行备份。这一讲,我们主要讲解如何通过备份保存手机数据。

一、手机自带备份功能

　　所谓手机数据备份,就是将手机上的文件、照片、信息、下载的软件等,保存在云端或者电脑端,从而保障我们的手机数据不丢失。在

第一章中,我们介绍了几种市面上常见的手机系统。这一讲,我们分别介绍 iOS 系统及 Andriod 系统自带的手机备份功能,所使用的演示设备分别为 IPhone X 及 VIVO IQOO 7。

1. iOS 云备份

在苹果手机上依次点击"设置"→"用户信息"→"iCloud",即可进入云备份界面,如图 7-12 所示。

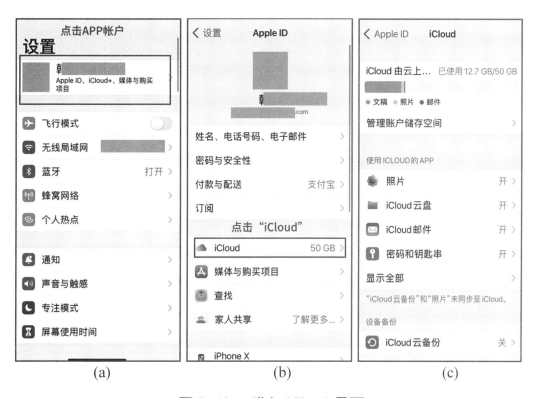

(a)　　　　　　　　(b)　　　　　　　　(c)

图 7-12　进入 iCloud 界面

【管理 APP 备份】打开 iCloud 界面,点击"使用 iCloud 的 APP"标签下的"显示全部",即可按需选择需要备份的应用软件。建议用户开启通讯录的 iCloud 开关,以便实时备份并更新手机通讯录。但因为 iCloud 空间有限,建议用户关闭不必要的应用软件备份。

【开启 iOS 系统备份】在 iCloud 界面中,点击"iCloud 云备份",打开"备份开关",如图 7-13 所示。

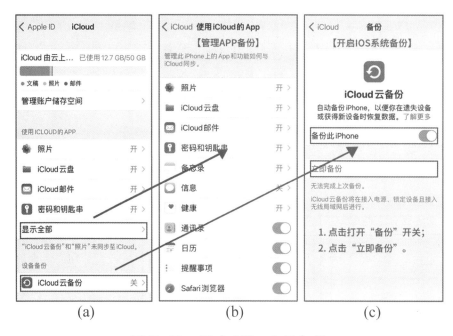

图 7-13　开启 iCloud 云备份

点击"立即备份"即可开始对当前手机数据进行云备份(不包括单独管理的应用软件),如图 7-14 所示。

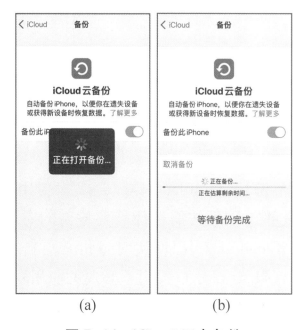

图 7-14　iCloud 正在备份

在开启备份前,请确保手机设备连接到电源和 Wi-Fi 网络,并确认您在 iCloud 中拥有足够的可用空间来完成备份。

【管理 iCloud 容量】每一个 APPLE 账户,可免费获得 5 GB 的 iCloud 储存空间,根据 iCloud 中保留的备份大小和内容量,免费储存空间可能会被用尽。为了解决这一问题,我们可以订阅更大的 iCloud 储存空间,也可以删除某些备份内容。

【数据恢复】当手机数据遭到损坏,或更换新手机时,依次点击 "iCloud"→"管理存储空间"→"备份",可以将手机数据恢复至备份中的状态。

数据的恢复:在"iCloud"→"管理存储空间"→"备份"中可选择已经备份的数据进行恢复。

2. Android 系统备份

Android 系统开启备份的方式与 iOS 类似,依次点击"设置"→"系统管理"→"备份与重置"→"备份数据",即可进入备份界面,如图 7-15 所示。不同品牌的手机,步骤和名称会略有不同,但基本类似,读者略加区分即可。

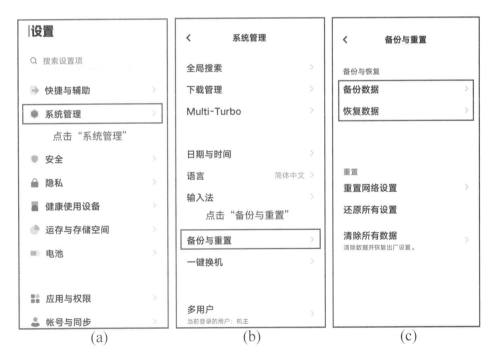

图 7-15　Adroid 系统备份界面

【开启备份】如图 7-16 所示,在备份数据界面,打开"自动云备份"。每隔 7 天,VIVO 手机会在设备接入 Wi-Fi 且未被使用的状态下,为您自动备份当前手机数据。每台设备只在云端保存最新一次的备份数据,而将旧的备份覆盖掉。

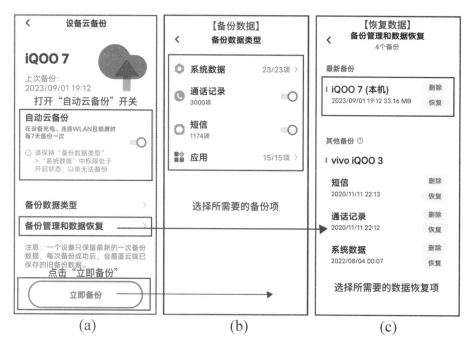

图 7-16 Adroid 系统备份与恢复设置

在备份数据类型中,我们可以按需选择是否保存系统数据、通话记录、短信、应用等。

【数据恢复】在图 7-16 所示的备份与重置界面,点击"恢复数据",选择备份管理和数据恢复,继而选择需要恢复的数据即可。

备份可以分为本地备份和云备份两种。本地备份是将数据保存在本机存储空间上,云备份是将数据保存在云端。备份数据都可以选择的内容包括:联系人、信息、通话记录、系统偏好设置和应用(不包含数据)。不同的手机,此处内容也会稍有不同。

二、第三方数据备份软件

手机的备份功能最大限度地保存了手机内的使用数据,但是不能用于不同类型手机之间数据的迁移。这就要借助第三方数据备份软件。同时照片和视频的备份也是大家关注的热点,也可以通过第三方软件来完成。下面以百度网盘为例,为大家介绍一下其他数据的备份方法。

打开已经下载好的百度网盘,完成账号的创建与登录后,首页的功能如图 7-17 所示。百度网盘包含很多关于云盘存储的功能,如相册、视频、文档、小说和音乐等。关于系统数据可点击"我的工具"→"全部"查看所有工具。

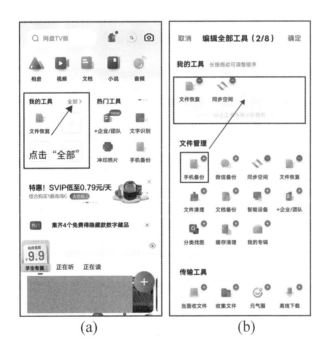

(a)   (b)

图 7-17 百度网盘功能展示

1. 相册备份

可以将手机中的照片手动或自动备份至百度网盘中,从而释放手机本地内存。可以根据网盘空间、手机流量的实际情况,对相册备份方式进行设置,如图 7-18 所示。若网盘有足够大的容量,可以打开"自动备份"的开关;类似地,若有充足的手机流量,也可以选择在非 Wi-Fi 网络环境下备份手机数据。

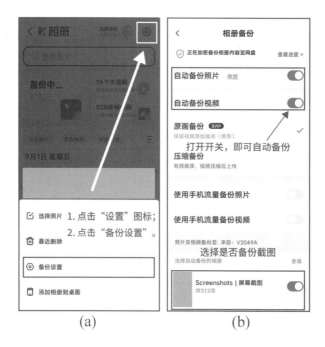

(a)   (b)

图 7-18 网盘相册备份设置

在网盘首页点击"相册",选择"来自备份",即可查看保存在网盘中的照片,如图 7-19 所示。

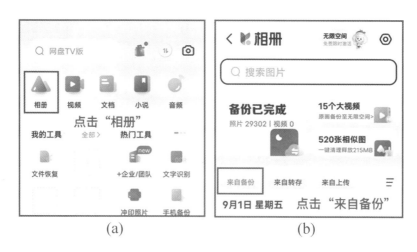

(a)   (b)

图 7-19 查看网盘相册

2. 通讯录备份

将通讯录备份至网盘与前文所述方法类似,如图 7-20 所示,点击"手机备份"→"通讯录备份"。备份开始前,需要允许网盘获得读取手机通讯录的权限。我们既可以将通讯录备份至网盘,也可以在更换新手机时,将备份在网盘中的通讯录同步至当前手机。

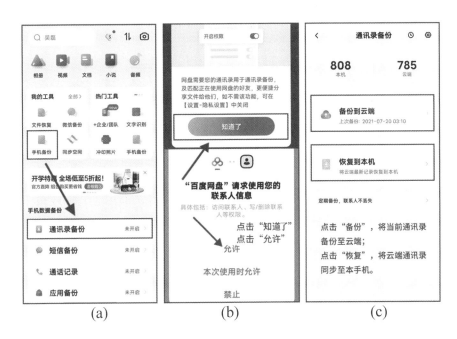

(a)　　　　　　(b)　　　　　　(c)

图 7-20　网盘备份手机通讯录

3. 其他备份

与备份通讯录的方式类似,我们也可以将手机文档、微信文件、短信、通话记录等内容保存至网盘,这样既可长期保存有用信息,又可缓解手机内存不足的尴尬,更可以在更换新手机时,保证历史数据不丢失。

备份的照片可在首页的"相册"中查看,如图 7-19 所示"云端"中的"来自备份"。

第八章　其他应用

第一讲　携程旅行——让您的旅行更精彩

？ 作为一款便捷的一站式旅行服务应用,我们应该怎样使用它呢?

这一讲,我们将为大家讲解携程旅行这款应用的功能及使用方式。

一、携程旅行软件下载及注册

1. 携程旅行软件基本介绍

携程旅行是一款为智能手机打造的旅行软件,它实现了高科技产业与传统旅游业的整合,提供住宿预订服务,包括酒店、度假村、住宅、公寓、民宿等多种住宿形式;开通在线票务服务,可以查询并购买机票、火车票、景点门票等;具备定制化的旅行服务,如跟团游、自由行等多种旅行方式。

2. 携程旅行软件下载及安装流程

携程旅行软件已经在各大应用商城上架,并支持各种型号手机下载安装。首先,打开手机上的应用商城,在搜索栏输入"携程旅行",点击"安装",携程旅行这款应用就会出现在手机屏幕上,如图8-1所示。

(a)   (b)

图 8-1 携程旅行软件的安装

3.携程旅行账户注册与登录

携程旅行可以通过多种方式注册登录,此处以最适合老年朋友操作的手机验证码注册登录为例。用新手机号第一次登录携程软件时,其将会被自动注册为新账号,再次使用时,直接登录即可。具体登录步骤如图 8-2 所示。

(1)单击携程旅行图标进入携程旅行主界面,点击底部"我的"按钮。

(2)进入"我的"界面,点击"登录/注册"按钮。

(3)进入"登录/注册"界面,可选择"本机号码一键登录",如果登录其他手机号,则点击"其他登录方式"。

(4)进入"手机验证码登录"界面,勾选下方服务协议,在中间方框内输入想要注册/登录的手机号,并点击"获取验证码"。

(5)进入"输入验证码"界面,将手机短信收到的六位数字验证码输入方框中,若验证码无误就会成功登录携程旅行界面。

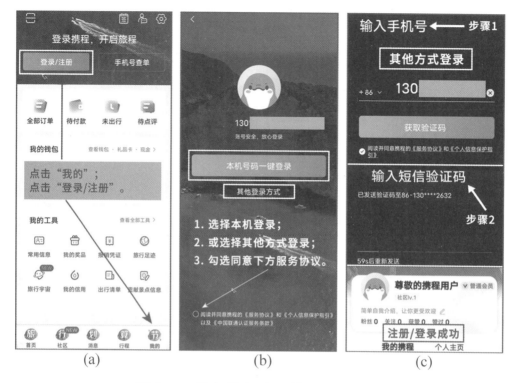

图 8-2　携程旅行账号的注册与登录

二、购买飞机票

1. 查找飞机票

（1）进入携程旅行主界面，点击"机票"按钮，如图 8-3（a）所示。

（2）进入"机票"界面，可选择单程、往返和多程，此处以单程为例，如图 8-3（b）所示。

（3）点击城市可选择出发和到达城市，包括"国内城市"和"国际/中国港澳台城市"，如图 8-3（c）所示。

（4）点击出发时间可选择出发的具体时间，点击时间和日期即选择成功，如图 8-3（d）所示。

（5）点击"经济舱"或"公务/头等舱"可进行舱位选择，如图 8-3（e）所示；点击"查询"按钮进入机票查询列表，如图 8-3（f）所示。

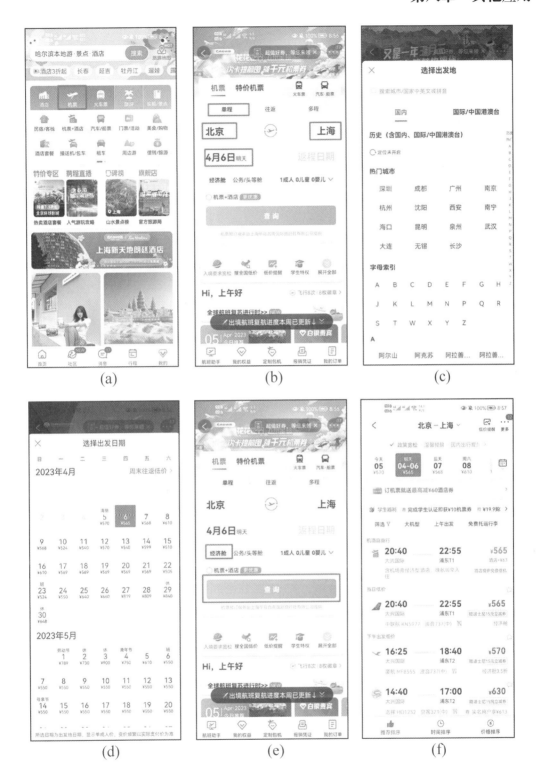

图 8-3 用携程旅行查找飞机票

2. 筛选飞机票

（1）进入机票列表,点击中间的"筛选"按钮,如图8-4(a)所示。

（2）可根据起飞时间、机场、机型、舱位和航空公司等进行筛选,点击"查看结果"按钮,筛选完成,如图8-4(b)所示。

（3）点击底部"时间排序",可将列表切换成从早到晚的排列方式;点击"价格排序",可将列表切换成从低至高的排列方式,如图8-4(c)所示。

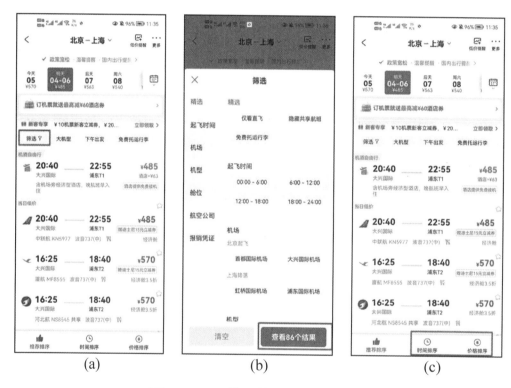

图8-4　用携程旅行筛选飞机票

3. 查看航班详情

（1）进入机票列表,点击航班,如图8-5(a)所示。

（2）进入航班详情界面,可查看时间、机场、机型、舱位、航空公司和产品列表等信息,如图8-5(b)所示。

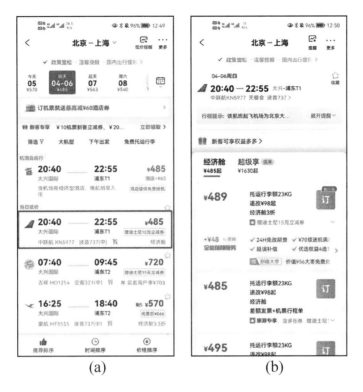

（a）　　　　　　　（b）

图 8-5　用携程旅行查看航班详情

4. 提交机票订单

（1）选择航班，点击"订"按钮，如图 8-6（a）所示。

（2）进入"填订单"界面，输入乘机人信息，包括姓名、身份证号、手机号，输入完成后点击"确定"按钮，然后点击"下一步"，如图 8-6（b）所示。

（3）勾选乘机人，可根据需求选择下方的保险服务，点击"下一步"，如图 8-6（c）所示。

（4）可根据需要选择购买接/送机服务，以及"出行保障""机上服务""舒适出行"等一系列服务，确认无误后点击"去支付"，如图 8-6（d）所示。

（5）选择支付方式并确认支付，如图 8-6（e）所示。

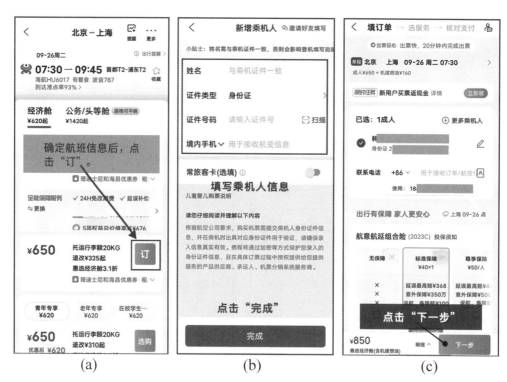

图 8-6　用携程旅行提交机票订单

三、购买火车票

1. 查找火车票

（1）进入携程旅行主界面，点击"火车票"按钮，如图8-7（a）所示。

（2）进入"火车票"界面，依次选择"国内火车""单程"，点击选择出发城市和到达城市，然后点击选择出发时间，再点击"查询"按钮（图8-7（b）），进入火车票查询列表（图8-7（c））。

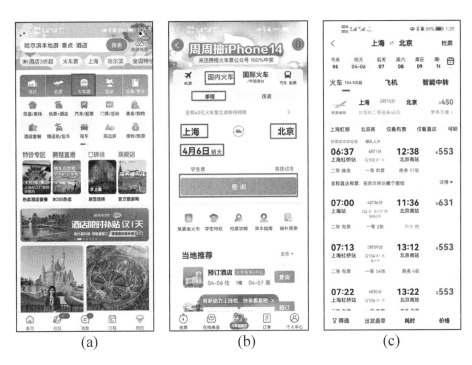

图8-7　用携程旅行查找火车票

2. 筛选火车票

（1）进入火车票列表，点击底部"筛选"按钮，如图8-8（a）所示。

（2）可根据"车次类型"等进行筛选，点击"确定"按钮完成筛选，如图8-8（b）所示。

（3）点击底部"出发最早"按钮可切换到从早到晚的排列模式，点击"耗时"可切换到耗时从短到长的排列模式，点击"价格"可切换到价格从低到高的排列模式，如图8-8（c）所示。

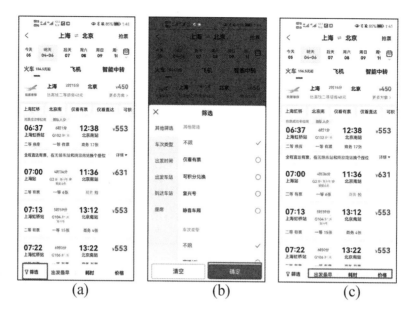

图 8-8　用携程旅行筛选火车票

3. 查看火车车次详情

（1）进入火车票列表，点击车次，如图 8-9（a）所示。

（2）进入车次详细界面，可查看车次、时间、座位等信息，如图 8-9（b）所示。

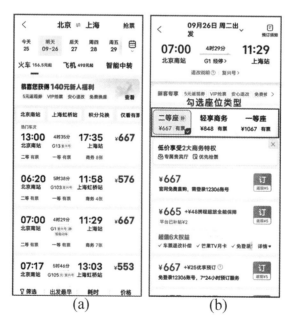

图 8-9　用携程旅行查看火车车次详情

4. 注册与登录 12306 网站

（1）进入车次详细界面，点击对应车次的"订"按钮，如图 8-10（a）所示。

（2）进入火车票订单填写界面，点击上方的"登录 12306"按钮，如图 8-10（b）所示。

（3）进入 12306 登录界面，点击"极速注册"按钮，如图 8-10（c）所示。

（4）进入 12306 注册界面，点击"普通注册"按钮，输入乘车人信息，并设置用户名与密码，输入完成后点击"下一步"，如图 8-10（d）所示。

（5）进入手机验证界面，输入验证码，点击"注册"按钮，完成注册。

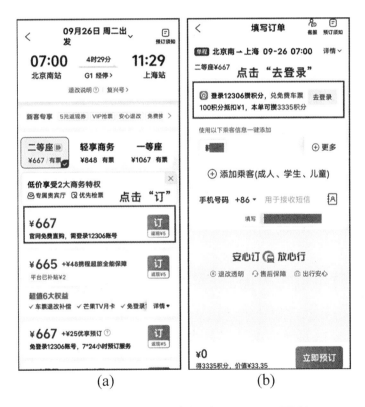

(a)　　　　　　　(b)

图 8-10　用携程旅行注册 12306 网站

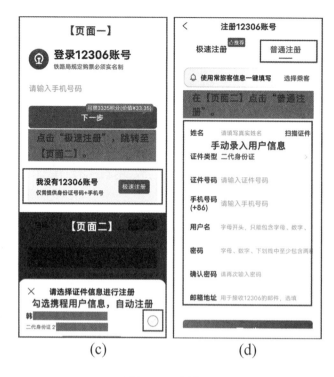

图 8-10（续）

5. 提交火车票订单

（1）根据需求选择座位种类,此处以选择"二等座"为例,选择车次点击"订"按钮,如图 8-11（a）所示。

（2）进入订单填写界面,点击"添加乘客"按钮,如图 8-11（b）所示。

（3）进入选择乘客界面,勾选乘车人,确认无误后点击"确定"按钮,如图 8-11（c）所示。

（4）进入订单填写界面,可在下方进行在线选座,确认无误后点击"立即预定"按钮,如图 8-11（d）所示。

（5）进入支付界面,点击"去支付"按钮,如图 8-11（e）所示。

（6）进入支付方式界面,选择支付方式并点击"支付"按钮完成支付。

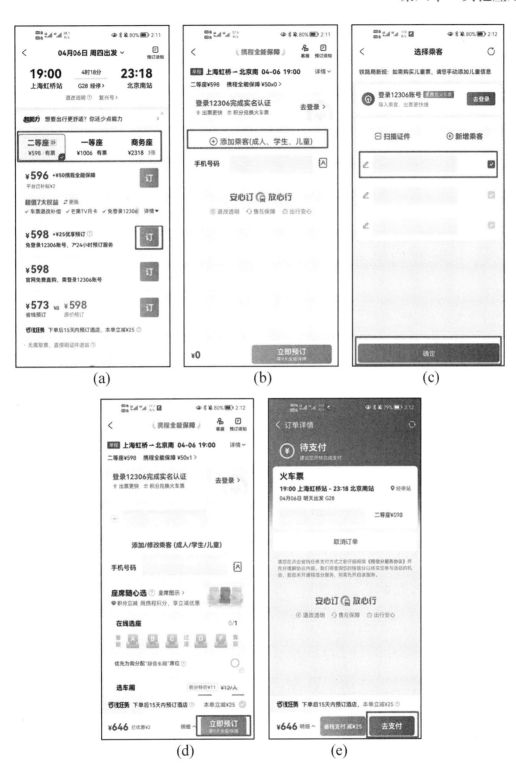

图 8-11　用携程旅行提交火车票订单

第二讲　大众点评——衣食住行的生活指南

? 到一个陌生的城市旅行,怎样才能知道自己周边有哪些吃住的地方呢?

这一讲,我们将为大家讲解大众点评这款应用的功能及使用方式。

一、大众点评软件下载及注册

1. 大众点评软件基本介绍

大众点评是一个本地生活信息及交易平台,它不仅为用户提供商户信息、消费点评及消费优惠等信息服务,同时也提供团购、餐厅预订、外卖及电子会员卡等交易服务。

2. 大众点评账号注册及登录

(1)打开大众点评,进入大众点评主界面,点击底部"我的"按钮,切换至登录界面。

(2)在登录界面,点击"本机号码一键登录"或微信登录,可直接完成大众点评账号的注册;或点击"其他方式登录",输入其他手机号及验证码,即可完成注册。注册/登录过程如图 8-12 所示。

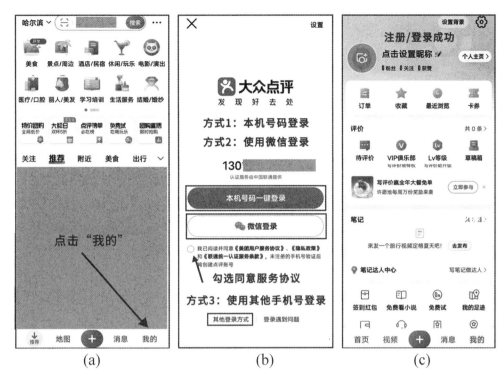

图 8-12　登录大众点评

3.设置个人资料

（1）打开大众点评主界面，点击底部"我的"按钮，如图 8-13（a）所示。

（2）打开"我的"界面，点击顶部齿轮形"设置"按钮，如图 8-13（b）所示。

（3）打开"设置"界面，点击"个人资料"按钮，如图 8-13（c）所示。

（4）在"个人资料"界面，可以点击"昵称"修改自己的昵称，点击"收货地址"添加收货地址，如图 8-13（d）所示。

（5）在"收货地址"界面，可直接获取在美团软件上保存或使用过的地址，也可另外增加新的收货地址，如图 8-13（e）所示。

（6）在"新增地址界面"，点击"选择收货地址"，在地图上查找收货地点，点击该地点进行定位；在地址信息栏中手动输入收货的门牌号、收货人姓名及手机号，确认无误后，点击"保存"，如图 8-13（f）所示。

图 8-13　在大众点评设置个人资料

二、使用大众点评查找周边环境

1. 使用大众点评定位城市

（1）打开大众点评主界面，点击左上方的"城市"按钮，如图 8-14（a）所示。

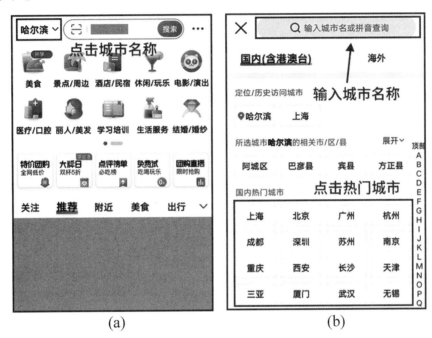

(a)　　　　　　　　　(b)

图 8-14　在大众点评中定位城市

（2）打开选择城市界面，可以在上方搜索栏中手动输入城市名称，也可以在下方点击选择城市，如图 8-14（b）所示。

2. 使用大众点评查找周边信息

（1）点击图 8-15（a）所示屏幕上方的搜索栏，进入搜索界面。

（2）输入商家名或者某类店铺或商品的关键词，点击"搜索"按钮，如图 8-15（b）所示。

（3）软件会自动筛选出符合条件的地点列表，并依据一定的规则进行排序，比如人气、评分、地点等。点击该商家即可查看相关信息。

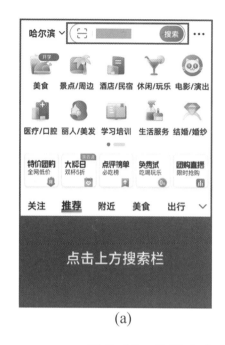

(a)　　　　　　　(b)

图 8-15　使用大众点评查找周边商家信息

3. 在大众点评上查看商家详细信息

（1）点击查看商家，可以查看商家地址、电话、网友推荐、网友点评等信息。

（2）点击查看上方的视频/图片。

（3）点击商家位置可以查看商家的具体位置及与自己的距离。

（4）点击电话即可拨打商家电话，直接与商家进行电话交流。

（5）点击"优惠"可以实时查看优惠商品，点击"菜品"可以查看商家菜单，点击"评价"可以查看网友对商家的评价。

三、使用大众点评点评商家

（1）点击查看商家详细信息。

（2）点击底部"拍视频"即可上传视频，点击"传照片"即可上传照片，点击"写评价"即可手动输入文字评价，并为商家打分。

四、在大众点评上查看榜单

打开大众点评主界面,点击页面中央的"点评榜单"按钮,即可查看由网友或平台评选出的涵盖了衣食住行用的各类榜单,如图 8-16 所示。图中分别展示了哈尔滨当地的"必吃榜"及"必玩榜",我们也可以点击"更多榜单",查看当地的景点、酒店、购物等榜单。

图 8-16　在大众点评上查看榜单

第三讲　高德地图——助您出行不迷路

❓ 和朋友约在了一个陌生的地方见面,我应该如何前往呢?

这一讲,我们将介绍一款导航软件——高德地图。它不仅可以依据当前路况为您规划前往目的地的驾车及步行路线,也可以为您提供乘坐公共交通工具的合理建议,更可以智能计算出到达目的地的预估时间。有了高德地图,即使面对复杂的城市交通环境,我们也不会迷路了。

搜索并下载"高德地图"软件,打开软件,进入主界面,如图 8-17 所示。

图 8-17　登录高德地图

(1)点击屏幕下方"未登录"按钮,进入验证登录界面。

(2)点击屏幕上方"一键登录",在当前号码下方,点击"同意并继续",未注册过的手机号会被自动注册为高德地图的新用户。

(3)或者选择其他登录方式,既可以切换至其他手机号登录,也可以使用现有的淘宝、微信、支付宝等数种账号直接绑定登录。

二、使用高德地图制订出行方案

1. 使用高德地图规划路线

（1）打开高德地图主界面，点击中间的搜索栏，如图 8-18 所示。

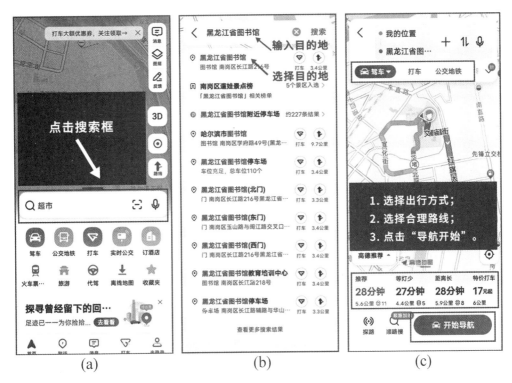

(a)　　　　(b)　　　　(c)

图 8-18　使用高德地图查找出行方案

（2）输入目的地，点击"搜索"，在搜索列表中选择正确的目的地。

（3）进入目的地定位界面，依次选择出行方式（如驾车，乘坐公交、地铁）、合理路线（如速度最快、换乘最少）。选择完毕，点击"开始导航"。

（4）点击"公交地铁"，可以查找对应的公交/地铁线路，以及每种方案的预计时间等信息，也可以选择"地铁优先""步行少"等对出行方案重新排序。

2. 使用高德地图打车

（1）打开高德地图主界面，点击"打车"，如图 8-19（a）所示。

（2）进入"打车"界面，高德地图会自动定位，选择想上车的位置或手动输入起点位置,如图 8-16(b)所示。

(3)进入"打车"界面,点击"你要去哪儿",输入终点。

(4)高德地图会自动规划打车方案,点击"立即打车"。在行车过程中,高德地图会实时显示行车路线,并在行程结束时,弹出本次行程结算界面,如图 8-16(c)所示。

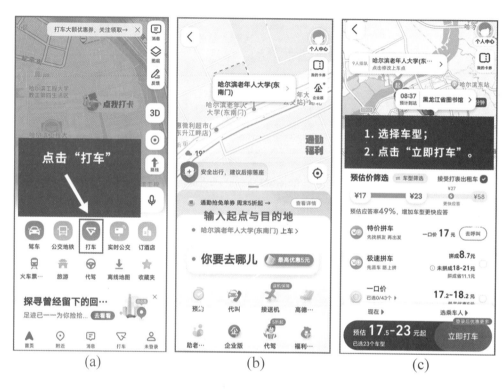

(a)   (b)   (c)

图 8-19　使用高德地图打车

(5)在结算界面中,可以根据实际需求选择车型,确认后勾选该方案,点击"立即打车"完成打车。

第四讲　丁香医生——口袋里的健康管家

? 生活中难免有身体不舒服的时候,如何快速便捷地咨询医生呢?

这一讲,我们将为大家讲解丁香医生这款应用的功能及使用方式。

一、丁香医生软件注册及登录

1. 丁香医生软件基本介绍

丁香医生是由医学网站丁香园团队研发的,具有互联网医院职业资格执照,致力于为大众提供可信赖的医疗健康服务的医疗咨询软件,拥有 50 000+ 三甲医院及以上专业医生团队,服务涵盖在线问诊、医院查询、疾病自查、医师讲堂、报告解读、健康科普等。

2. 丁香医生注册及登录

(1)点击屏幕上的丁香医生软件,进入主界面。

(2)点击底部的“我的”按钮,进入“我的”界面,如图 8-20 所示。

(3)点击上方的“登录/注册”按钮,进入登录/注册界面。

(4)勾选下方的“用户协议”,点击“手机号码一键登录”,即可使用本机号码登录丁香医生。

(a)　　　　　　　(b)

图 8-20　注册丁香医生账号

二、使用丁香医生咨询简单病症

（1）打开丁香医生主界面，点击上方的搜索栏，如图8-21所示。

（2）输入想要咨询的问题，此处以"甲流该吃什么药"为例。点击搜索，进入结果界面，可以查看甲流相关信息以及专业医生给出的建议，点击相关百科的第一条。

（3）查看医生给出的建议。需要注意的是，此处给出的建议仅供参考，如若身体不适，请一定前往正规医院问诊就医。

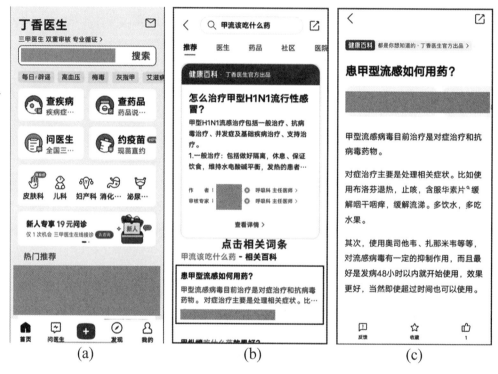

图8-21　使用丁香医生进行简单病症查询

三、使用丁香医生咨询专业医生

（1）打开丁香医生主界面，点击上方的"问医生"按钮，如图8-22所示。

图 8-22 使用丁香医生咨询专业医生

（2）进入"问医生"界面，可以在上方的搜索栏中手动输入想要咨询的科室，也可以在下方的科室分类中搜索想要咨询的科室，点击进入。

（3）此处以"呼吸内科"为例，点击上方的"城市"按钮可以筛选查找医生的所在城市；点击"筛选"按钮可以筛选查找医生的资历、年龄等信息。

（4）在筛选结束后即可查看医生的基本信息和收费情况等，可以根据自身实际需求选择医生问诊。

第五讲　Keep——身边的运动教练

？ 怎样有规划地做日常运动，并与别人分享自己的运动成果呢？

这一讲，我们将为大家讲 Keep 这款应用的功能及使用方式。

一、Keep 软件注册及登录

1. Keep 软件基本介绍

Keep 是一款基于社交型的跑步应用，致力于提供健身教学、跑步、骑行、交友、健身饮食指导、装备购买等一站式运动解决方案。

2. Keep 注册及登录

（1）点击屏幕上的 Keep 软件，打开登录界面。

（2）进入登录界面，勾选底部同意协议按钮，输入想要注册的手机号码，点击"下一步"按钮，如图 8-23（a）所示。

（3）进入短信验证码界面，输入收到的手机验证码，然后点击"确定"按钮，如图 8-23（b）所示。

（4）第一次注册 Keep 账号可以设置自己的升高体重数值，Keep 可以通过这些数值推荐适合自身的运动计划，如图 8-23（c）所示。

（5）成功登录 Keep 主界面。

(a)　　　　　　(b)　　　　　　(c)

图 8-23　注册 Keep 账号

二、使用 Keep 软件跑步

Keep 可以提供多种运动方案,此处以跑步为例。

(1)进入 Keep 主界面,点击上方的"跑步"按钮,如图 8-24(a)所示。

(2)进入"跑步"界面,在上方选择"户外跑",然后点击下方的"开始"按钮开始跑步,如图 8-24(b)(c)所示。

(3)想要结束本次跑步时,在"跑步"界面点击"暂停",即可停止跑步记录,如图 8-24(d)所示;继续长按"结束"按钮,即可结束本次跑步,如图 8-24(e)所示。

(4)可以在"结算"界面中查看本次跑步的运动轨迹、跑步距离、用时及配速等一系列数据,如图 8-24(f)所示。

(a)

(b)

(c)

图 8-24 使用 Keep 软件跑步

(d)   (e)   (f)

图 8-24(续)

三、使用 Keep 软件分享运动记录

（1）此处以跑步为例，如在运动后第一时间分享运动记录，即可点击结算界面的"跑步记录分享"，将运动记录分享到社交软件，如图8-25（a）所示。

（2）也可以进入 Keep 主界面，点击底部的"我"按钮，在个人信息界面，点击"总运动"按钮，如图8-25（b）所示。

（3）进入"总运动"界面，点击"跑步"按钮，如图8-25（c）所示。

（4）进入"跑步"界面，在顶部选择"年"，即可查看以年为单位的跑步记录，如图8-25（d）所示。

（5）点击"跑步记录分享"，即可将该记录分享至社交软件，如图8-25（e）所示。

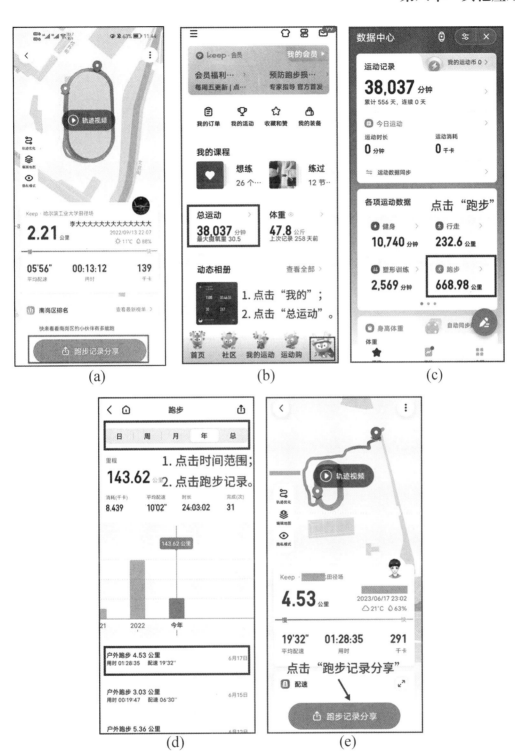

图 8-25　使用 Keep 软件分享运动记录